Chroniques
des atomes
et des galaxies

Hubert Reeves

Chroniques des atomes et des galaxies

Éditions du Seuil
France Culture

ISBN 978-2-7578-2297-5
(ISBN 978-2-02-081299-3, 1ʳᵉ publication)

© Éditions du Seuil, février 2007

www.seuil.com
www.franceculture.com

Sommaire

1

COSMIQUE

2

STELLAIRE
ET GALACTIQUE

3

HISTORIQUE

ATOMIQUE

Avant-propos

Ces *Chroniques des atomes et des galaxies* font suite aux *Chroniques du ciel et de la vie* publiées en 2005. L'ensemble de ces deux ouvrages présente les textes de mes chroniques hebdomadaires diffusées sur France Culture de 2003 à 2006.

Les sujets abordés vont (pour reprendre les termes de Blaise Pascal) de « l'infiniment grand » à « l'infiniment petit » : de l'univers dans son ensemble, aux neutrinos et aux quarks. Nous évoquerons au passage les géniales intuitions des grands scientifiques comme Einstein, Dirac, Pauli, Planck et tant d'autres, qui ont permis ces avancées de nos connaissances.

Des éléments, aussi inattendus qu'insolites dans le cadre de la physique classique – l'antimatière, les trous noirs, la matière sombre et l'énergie sombre (toutes deux dites aussi « manquantes ») –, y seront présentés et discutés. Nous montrerons comment justifier l'affirmation de leur existence.

Le choix de la séquence des thèmes (lesquels présenter en premier ? lesquels en dernier ?) a été très difficile, tant ils sont souvent liés les uns aux autres. Nous prendrons ainsi conscience de l'une des grandes découvertes de la science contemporaine : tout est impliqué dans tout. Ainsi les neutrinos, si discrets que l'on a longtemps douté de leur réalité, ont pris une importance physique et cosmologique considérable et pourraient avoir joué un rôle déterminant dans notre existence. L'hélium dont on gonfle les ballons d'enfant nous permet de remonter jusqu'aux premières minutes de notre univers, tandis que l'antimatière, par son extrême rareté, nous promet l'exploration de moments encore plus anciens.

Confronté au problème que pose un découpage quelque peu arbitraire, j'ai indiqué entre parenthèses un renvoi aux chroniques qui complètent ou qui se rapportent au même sujet. Je renvoie également dans certaines chroniques aux illustrations figurant dans le hors-texte couleurs de cet ouvrage.

Ces chroniques des atomes et des galaxies nous parlent de cet univers qui nous a engendrés. Elles s'adressent à la question de notre origine : « D'où venons-nous et comment en sommes-nous venus à exister ? » Les *Chroniques du ciel et de la vie* publiées précédemment s'adressaient, elles, à la question de notre destin : « Comment agir pour ne pas nous éliminer nous-mêmes ? » Ces deux interrogations, sur le passé comme sur l'avenir, se rejoignent dans le cadre de nos préoccupations écologiques.

1

COSMIQUE

1

Tourisme cosmique

Grâce aux patients efforts des scientifiques et des techniciens, nous sommes maintenant en mesure de voir notre univers dans ses plus grandes dimensions.

Les télescopes spatiaux nous en offrent de somptueuses images. Ce sont les grands cadeaux de la science contemporaine à l'humanité.

Dans ce livre, nous allons en admirer quelques-unes, regroupées dans le hors-texte, les étudier, essayer de tirer le plus d'informations possible sur ce monde qui est le nôtre.

Posons notre regard sur la figure 1. Voilà l'aspect le plus général de notre univers ! Le tourisme à la plus grande échelle…

Comment décrire ce que nous voyons ? Parsemées sur toute la surface de l'image comme des îles étalées sur une mer immense, des galaxies, des galaxies à perte de vue : un vaste archipel de galaxies !

Les galaxies sont de gigantesques structures constituées d'environ cent milliards d'étoiles comme notre Soleil. Sur cette image, les plus proches de nous apparaissent sous la forme de petits disques blanchâtres. On en distingue parfois les bras spiraux (en particulier en haut à gauche). Les points bleus qui saupoudrent le fond sombre de la photo sont encore et toujours des galaxies, mais très lointaines, tout juste perceptibles dans nos télescopes.

Voilà le monde où nous sommes nés, un beau jour, sur une petite planète bleue tournant autour d'une étoile jaune dans une galaxie blanche : la Voie lactée, une galaxie ordinaire parmi des milliards d'autres. Un observateur situé sur un de ces astres lointains verrait, dans son télescope, des images semblables à celle-ci. Dans son champ visuel, un point bleu pourrait être notre galaxie. Pourrait-il imaginer que, de là, quelqu'un (nous !) le regarde ?

À quelle distance sont ces galaxies ?

En astronomie, on utilise comme unité de mesure l'année-lumière : le trajet parcouru par la lumière en un an. Une année-lumière équivaut à dix mille milliards de kilomètres. Les points bleus (regardez-les encore !) sont à plusieurs milliards d'années-lumière, donc plusieurs milliards de fois dix mille milliards de kilomètres ! Ces chiffres nous donnent une idée des dimensions vertigineuses de notre univers.

Ce document photographique ne nous en laisse voir qu'une partie, ce que nous appelons par définition l'univers observable. Comme au bord de la mer, notre regard est limité par une « ligne d'horizon » imposée à la fois par nos instruments et la physique elle-même. Sur la mer, un bateau nous permettrait d'aller vérifier que la nappe aquatique s'étend bien au-delà de cette ligne. Mais pour l'espace, aurons-nous un jour semblable possibilité ?

Les questions affluent : y a-t-il encore des myriades

de galaxies au-delà de notre horizon ? Quelle est la dimension réelle de l'univers ? Serait-il infini ? Cette photo ne nous en présenterait alors qu'une fraction infime… Si l'univers est fini, nous pourrions – en principe – dénombrer les galaxies et les étoiles. Mais s'il est infini ?

Comment arriver à savoir si l'univers est fini ou infini ? Des méthodes indirectes pourraient nous permettre un jour de répondre à la question, mais pour l'instant elles nous laissent sur notre faim. Nous reviendrons abondamment sur le sujet.

L'univers est-il infini ?

Quand les humains ont-ils commencé à lever les yeux vers la voûte étoilée et à prendre conscience de la présence de ses luminaires célestes ? On peut supposer que, depuis la nuit des temps, ils se posèrent des questions : « De quelle matière sont-ils constitués ? À quelle distance sont-ils ? »

Les philosophes de la Grèce ancienne discutaient déjà de la dimension de l'espace habité par ces objets mystérieux. Deux écoles de pensée s'opposaient. Selon la première, dite « apollinienne », l'univers était certainement fini : Apollon, divinité de la beauté et de la mesure, lui avait naturellement imprimé une dimension harmonieuse, exprimé par le mot *cosmos* (à l'origine de notre mot « cosmétique » : agent de beauté). L'infini, forcément démesuré, ne pouvait être une propriété du cosmos. À l'opposé, les adorateurs de Dionysos, adeptes de bacchanales débridées, plaidaient la thèse de l'univers infini, qui cadrait mieux avec leurs goûts des excès en tout genre.

Au Moyen Âge, selon la théologie de saint Thomas d'Aquin – la référence du monde chrétien –, seul Dieu est infini et, en conséquence, l'univers, création de Dieu, ne peut l'être. Pourtant, certains penseurs avaient des idées différentes. Le 17 février 1600, sur le Campo dei Fiori à Rome, Giordano Bruno fut brûlé sur un bûcher pour avoir publié (entre autres hérésies) un ouvrage intitulé *De l'infini, de l'univers et des mondes*. Grand provocateur, il tenait des propos inacceptables pour les autorités religieuses de l'époque : « Si votre Dieu n'a pas pu créer un monde infini, le mien l'a pu. » Trop, c'était trop…

En l'absence de données d'observation, les passions, les opinions philosophiques et les options religieuses dominaient totalement ce débat et se traduisaient par des positions d'autant plus radicales. Au XVIIᵉ siècle, les développements de l'astronomie donnèrent à ces interrogations des dimensions nouvelles. La théorie de la gravitation universelle permit à l'esprit humain de se projeter dans l'espace et de comprendre les mouvements de la Lune autour de la Terre, et des planètes autour du Soleil. Mais les efforts de Newton pour y intégrer aussi le monde des étoiles lointaines n'aboutirent pas. Au-delà du système solaire s'étendait encore le mystère des astres réfractaires à l'appréhension humaine.

Tout change en 1917, quand Einstein établit sa théorie de la relativité générale (C-41)[1] dont le champ d'application s'étend à l'univers tout entier, et à toute la matière qu'il héberge. On peut maintenant poser sur des bases scientifiques la question de la dimension du cosmos. Sans y répondre (il faudra compléter la théorie par des observations), cette théorie laisse

---

1. Je renvoie ici à la chronique 41 par cette notation.

toutefois entrevoir que l'univers pourrait être infini. Einstein n'appréciait guère cette idée. Encore moins l'idée que l'univers puisse être en expansion ; il s'en est exprimé ouvertement à plusieurs reprises. Pourquoi ? Était-il influencé par l'esthétique apollinienne ? Après une longue résistance, il finira par accepter la réalité de l'expansion et la possibilité d'un univers infini.

Claustrophobes, agoraphobes ?

Le claustrophobe est celui qui ne se sent pas bien dans un espace confiné. L'agoraphobe, au contraire, se sent mal dans des espaces trop ouverts. Pour certaines personnes, l'idée même d'un univers infini est effrayante, inacceptable, pour ne pas dire absurde. Personnellement, elle me plaît assez. Je n'aime pas me sentir à l'étroit. Je souffrirais de claustrophobie si l'on m'apprenait que l'univers est fini !

Mais, face aux dimensions du cosmos, nos réactions affectives n'ont aucune importance scientifique. L'univers n'a que faire de nos états d'âme. Il est ce qu'il est ; à nous de le découvrir et de nous y adapter, quel que soit le degré d'étrangeté que nous lui prêtons. Un de mes amis, à qui un groupe de penseurs affirmait que la théorie du Big Bang est philosophiquement inacceptable, avait évoqué la réponse de Galilée aux inquisiteurs dominicains qui voulaient l'obliger à renier ses affirmations au sujet du mouvement de la Terre dans l'espace : « Et pourtant, elle tourne ! »

Le scientifique doit chercher à développer sa lucidité par rapport à ses propres capacités. Ses opinions ou convictions ne peuvent en aucun cas servir de norme à la connaissance de la réalité. Au contraire, elles peuvent être des freins puissants et empêcher d'interpréter et d'apprécier correctement de nouvelles observations. L'histoire des sciences offre de nombreux exemples de situations où les préjugés de quelques personnes ont longtemps bloqué, ou du moins considérablement retardé, le développement de la recherche.

Il n'est pas anormal, lorsque nous explorons des phénomènes et des dimensions bien au-delà de nos perceptions habituelles – dans les domaines atomique ou cosmique –, que nous soyons confrontés à des réalités extravagantes, dépassant notre intelligence et notre imagination. Ces facultés, cherchant alors à s'adapter aux messages convoyés par de nouvelles observations, se développent, s'enrichissent, et se préparent à la rencontre d'idées et d'objets plus mystérieux encore.

Un scientifique anglais, John Eccles, a écrit: «Le monde est non seulement plus étrange que nous l'imaginons, mais plus étrange que nous sommes en mesure de l'imaginer.»

De grandes surprises nous attendent encore… Mais pour les accueillir, il nous faut être à l'écoute et surtout nous méfier des préjugés et des idées reçues.

Remonter le cours du temps

À notre échelle de temps, la lumière voyage très vite. Elle va de la Terre à la Lune en une seconde, et de la Terre au Soleil en huit minutes. Pourtant, par rapport aux immenses dimensions du cosmos, cette vitesse est plus que lente. Dans les espaces inter-galactiques, la lumière se traîne à pas de tortue !

Pour l'astronome, cette lenteur est une bénédiction. Elle lui donne un accès direct au passé du monde. En peu de mots : plus on regarde loin dans l'espace, plus on voit tôt dans le passé !

Revoyons notre image du cosmos (figure 1). Fixons notre regard sur ces petits points bleus du fond céleste. La lumière émise par ces galaxies a voyagé pendant près de dix milliards d'années avant de venir s'imprimer sur le détecteur du télescope Hubble. Nous voyons ces galaxies telles qu'elles étaient dans ce si lointain passé ! Comment sont-elles aujourd-d'hui ? Existent-elles encore ? Pour le savoir, il fau-drait attendre dix nouveaux milliards d'années !

Pourtant nous savons, indirectement, que la plupart de ces galaxies sont entrées en collision avec leurs voisines, qu'elles ont fusionné pour engendrer des astres plus massifs et, qu'en conséquence, un grand nombre de ces points bleus ont disparu. Nous observons les traces maintenant inexistantes d'un des premiers chapitres du cosmos.

Ainsi, en regardant cette image de l'univers, nous voyons non pas un cliché instantané de son présent, mais un film de son déroulement temporel. Notre regard plonge dans le passé… Les galaxies les plus rapprochées, avec leurs surfaces blanches plus étalées, illustrent pour nous des temps relativement récents (plusieurs dizaines de millions d'années), contemporains, peut-être, de l'ère des dinosaures, tandis que les plus lointaines nous donnent accès à des périodes proches du début de l'univers. Entre ces deux extrêmes, d'autres astres révèlent l'aspect du cosmos à des périodes intermédiaires. Par exemple, si nous voulons observer le moment correspondant à la naissance de notre planète, il y a 4,6 milliards d'années, il suffit, vous l'aurez compris, d'observer des astres situés à 4,6 milliards d'années-lumière !

Ici apparaît, pour l'observateur, un problème technique important : la difficulté d'étudier des objets astronomiques situés à de telles distances. Comme notre photo le montre, leur luminosité est très faible et elles apparaissent minuscules. D'où la nécessité de construire des télescopes de très grande taille pour recevoir davantage de lumière, et pour obtenir une meilleure résolution. Les miroirs de nos télescopes actuels avoisinent les dix mètres de diamètre, tandis que des projets en cours prévoient qu'ils iront jusqu'à plusieurs dizaines de mètres. En parallèle, des réseaux de radiotélescopes s'étendent sur une dizaine de milliers de kilomètres à la surface de la Terre, bientôt sur des centaines de milliers de kilomètres dans l'espace, en orbite autour de la Terre.

En peu de mots : la lenteur de la lumière, à l'échelle de l'univers, donne aux chercheurs une véritable machine à remonter le temps (le rêve inaccessible de tous les historiens !). Ils entendent bien l'exploiter au maximum et construisent avec enthousiasme des instruments de plus en plus puissants. C'est tout le passé de l'univers qu'avec eux, grâce à eux, nous avons hâte de découvrir…

Un univers en expansion

Entre 1920 et 1930, l'astronome Edwin Hubble (dont on a donné le nom au télescope spatial) a fait des découvertes dont les conséquences allaient profondément modifier notre vision du cosmos et de son histoire.

Première découverte : les galaxies visibles dans notre image de l'univers (figure 1) ne sont pas immobiles. Elles se déplacent. Quelques-unes, les toutes petites bleues par exemple, s'éloignent de nous presque à la vitesse de la lumière !

Deuxième surprise : les mouvements des galaxies ne sont pas désordonnés (ne vont pas dans tous les sens, comme ceux des molécules dans un gaz), mais, au contraire, hautement ordonnés. Les galaxies s'éloignent toutes les unes des autres. Et d'une façon très particulière : plus elles sont distantes, plus elles se fuient rapidement. Considérons, par exemple, un trio de galaxies sur notre image (figure 1), et traçons un triangle dont elles seraient les sommets. Dans le futur, le triangle s'agrandira sans que, pour autant, sa forme change.

Ce comportement étonnant du mouvement de ces

astres se retrouve le même partout, jusqu'aux confins de l'univers observable. De là est née l'expression : «L'univers est en expansion.»

Cette constatation a mis à mal une affirmation énoncée par Aristote il y a deux mille cinq cents ans, et implicitement acceptée jusqu'au XXe siècle par la communauté scientifique : «L'univers est toujours le même, dans le passé comme dans l'avenir.» Le mouvement d'expansion des galaxies montre, au contraire, que l'univers est en perpétuel changement. En effet, si les galaxies s'éloignent les unes des autres, la densité de la matière cosmique (le nombre de galaxies dans un certain volume) diminue progressivement : l'univers se raréfie.

Ajoutons, à la décharge d'Aristote, que son affirmation du caractère immuable de l'univers était fondée sur des siècles d'observations par les astronomes des époques antérieures (Sumériens, Chaldéens, Babyloniens… les fameux rois Mages). Notant la course saisonnière des constellations dans le ciel, ils avaient remarqué le retour annuel régulier des astres et en avaient déduit l'absence de changement du cosmos. Évidemment, leurs observations étaient limitées par l'absence de télescopes. Tout se faisait à l'œil nu.

Imaginons maintenant la projection à l'envers du film de l'expansion du cosmos. Nous verrions sur notre écran les galaxies se rapprocher les unes les autres. Arriverait ainsi un moment où, les astres se superposant, la matière cosmique atteindrait des densités extrêmes, approchant une valeur infinie. D'où l'idée d'un début de l'univers.

Cette idée était déjà présente dans de nombreuses cosmogonies traditionnelles. Mais elle était, jusque-là, totalement absente de la littérature scientifique. Elle a profondément perturbé nombre de chercheurs, y compris Einstein lui-même.

Peut-on évaluer l'âge de l'univers ? Oui, et de plusieurs façons. La première se fait à partir des observations des galaxies elles-mêmes. On mesure, pour chacune, sa distance et la vitesse à laquelle elle s'éloigne de nous. Un simple calcul permet alors d'obtenir le temps qu'il lui a fallu pour arriver là où elle se trouve maintenant. On obtient approximativement quatorze milliards d'années. En affinant cette technique, on arrive aujourd'hui à 13,7 milliards (à 2 % près).

D'autres méthodes se fondent sur une évidence : l'univers doit être plus âgé que ses plus vieux habitants.

On sait aujourd'hui mesurer l'âge des étoiles. On en trouve de tous les âges, jusqu'à treize milliards d'années environ, mais pas au-delà.

Enfin, grâce à la radioactivité, on peut déterminer l'âge de nombreux atomes (uranium, thorium), dont la durée de vie se mesure en milliards d'années. La méthode, bien qu'assez imprécise, nous indique qu'aucun n'est plus ancien que le cosmos.

Ces résultats, notons-le, sont obtenus à partir de technologies différentes : l'astronomie et la physique en laboratoire. Leur cohérence est pour nous une confirmation de la crédibilité de la théorie.

Les conséquences de la découverte de Hubble sont prodigieuses. Elles impliquent que l'univers n'a pas toujours existé et qu'il a une histoire. Elles influencent profondément non seulement l'astronomie elle-même, mais tout le domaine de la science et, en définitive, toute la pensée humaine.

6

Le Big Bang :
une explosion cosmique ?

Dans la chronique précédente, nous avons joué à inverser le cours du temps. Les galaxies de notre image se sont rapprochées jusqu'à se confondre en un magma d'une densité extrême. Nous sommes remontés jusqu'au début de l'univers.

Reprenons maintenant, à partir de là, le cours du temps dans son sens réel. Imaginons la situation initiale.

Comment décrire ce qui se passe ? Cela ressemble à une gigantesque explosion. Mais cette comparaison est-elle vraiment appropriée ? Oui et non. Ici, il importe de s'attarder un moment.

Une explosion suppose, au départ, un engin explosif. Une bombe, par exemple, d'un certain volume et avec une surface. Au moment de la détonation, les matières explosives à haute température s'échappent de ce volume et se propagent violemment dans l'espace environnant, là où il n'y avait rien auparavant.

Mais, contrairement à la bombe, l'univers n'a pas de surface, il est partout. Il n'y a pas deux espaces : l'un plein d'explosif, l'autre vide. Il n'y a qu'un seul espace dans lequel la matière cosmique est en expansion uniforme, partout à la fois.

On peut conserver la comparaison de l'explosion si l'on conçoit qu'au moment du Big Bang chaque point de l'espace entre en explosion.

Il n'est pas facile de nous représenter un univers immense (peut-être infini!) et en explosion partout. Pourtant, c'est la meilleure image que nous puissions nous en faire.

Il est normal que notre imagination – qui a évolué dans le cadre de grandeurs qui nous sont familières – soit un peu dépassée, et que nous soyons perdus quand nous abordons des dimensions aussi gigantesques. Mais, comme vous diront tous les cosmologistes : « Il faut s'y faire et on finit par s'y faire ! »

Poursuivant le cours de notre histoire, il nous faut aller chercher des renseignements du côté de la théorie d'Einstein (C-41). Elle nous enseigne que le mouvement d'expansion global (dont la récession des galaxies nous a confirmé l'existence) a pour effet de refroidir l'univers. On reconnaît facilement le comportement d'un gaz que l'on détend. L'univers se comporte là comme un gaz dont les particules seraient les galaxies.

L'univers du passé était donc plus chaud. Nous retrouvons à nouveau l'analogie avec l'explosion et l'image d'un cosmos primordial, où densités et températures atteignaient des valeurs extrêmes.

Vers 1930, en combinant les observations de Hubble avec la théorie d'Einstein, Georges Lemaître formula sa « théorie de l'atome primitif », dont naîtra plus tard notre théorie du Big Bang.

L'horizon cosmique

Reprenons une fois encore notre figure 1 qui présente des galaxies à perte de vue dans l'espace. Les plus lointaines, les petits points bleus, s'éloignent de nous à des vitesses atteignant 90 à 95 % de la vitesse de la lumière (300 000 km/s). Pourquoi ne voyons-nous pas de galaxies encore plus lointaines ? La réponse est simple : parce qu'elles s'éloignent plus vite que la lumière. Les photons qu'elles émettent ne peuvent pas nous atteindre.

Aller plus vite que la vitesse de la lumière ? Comment est-ce possible ? On nous a appris que, selon la théorie de la relativité d'Einstein, la vitesse de la lumière est une limite indépassable ! Cette assertion est tout à fait correcte. Et pourtant… il faut revenir une fois de plus à Einstein, décidément incontournable, et examiner de plus près la notion de mouvements des galaxies.

Dans le cadre de la théorie du Big Bang, ces mots ont un sens un peu spécial. Il ne s'agit pas de mouvements au sens où nous l'entendons habituellement. Les galaxies ne se déplacent pas dans l'espace (comme une balle de golf, par exemple). C'est l'espace lui-même qui s'étend. Les galaxies sont entraînées avec lui dans son expansion.

Une comparaison nous aidera à comprendre. Imaginons une immense membrane de caoutchouc, sur laquelle nous dessinons de petites images de galaxies en les parsemant ici et là, comme sur notre figure 1. Étirons maintenant cette membrane dans toutes les directions à la fois. Bien que fixées sur la membrane, les petites images paraîtront s'éloigner les unes des autres, alors que c'est leur support qui s'étend. Si cette membrane est suffisamment grande, rien n'empêche les vitesses auxquelles les galaxies s'éloignent d'atteindre celle la lumière et de la dépasser. Si notre membrane est infinie, les vitesses pourraient elles-mêmes être infinies.

Mais les galaxies lointaines ne nous sont perceptibles que si leur lumière arrive à nous atteindre. C'est-à-dire si leur vitesse par rapport à nous est inférieure à la vitesse de la lumière.

Ces réflexions nous permettent de revenir sur la notion d'horizon de l'univers (C-7). C'est la distance la plus lointaine observable par nous, là où les mouvements d'entraînement des galaxies atteignent la vitesse de la lumière : on l'appelle «rayon de l'univers observable». Elle est voisine de celle parcourue par la lumière depuis le début de l'univers (13,7 milliards d'années-lumière). Des considérations géométriques liées à l'expansion lui assignent une valeur à peu près deux fois plus grande : environ 25 milliards d'années-lumière.

Mais le temps passe et l'horizon s'éloigne. Dans quelques milliards d'années, nous verrons beaucoup plus loin…

Le rayonnement fossile : une image en direct des premiers temps de l'univers

Densité et chaleur extrêmes : telles étaient donc les caractéristiques des premiers temps de l'univers. Lumière extrême aussi. La physique nous apprend en effet que plus les corps sont chauds, plus ils émettent de lumière. Au début donc, un gigantesque flash lumineux qui, à nouveau, suggère une explosion cosmique. Mais attention aux comparaisons bancales !

À cause, peut-être, de son aspect mythologique et de ses allures bibliques (le *Fiat lux* de la Bible), cette vision du monde n'a pas été bien accueillie par les astronomes, et encore moins par les physiciens de la première moitié du XXe siècle. Il faut aussi reconnaître qu'elle reposait alors sur des bases d'observations relativement limitées : seulement quelques mesures de distances et de vitesses des galaxies. Il était possible d'interpréter ces observations autrement…

En 1948, une contribution originale de l'astrophysicien d'origine russe George Gamow allait améliorer considérablement le statut de la théorie. Gamow se demandait : « Que reste-t-il aujourd'hui, après des milliards d'années, de ce puissant flash qui a accompagné les premiers instants de l'univers ? Cette lumière a-t-elle complètement disparu du cosmos ? N'en resterait-il pas quelques traces ? Rien ne peut disparaître de l'univers ! »

Appuyés sur la théorie d'Einstein, des calculs l'amenèrent à la conclusion qu'il devait encore subsister à notre époque un faible rayonnement résiduel, une sorte de fossile cosmique, comme un pâle écho de cette luminescence primordiale, un rayonnement observable, en principe, avec des radiotélescopes. Mais pourrait-t-on le débusquer parmi l'ensemble des rayonnements émis par tous les astres du ciel ? Gamow en doutait sérieusement.

Et pourtant, ce rayonnement fut bel et bien observé en 1965. Un nouveau type de radiotélescope, mis au point pour suivre le mouvement des satellites, permit à deux ingénieurs, Penzias et Wilson, de le détecter et d'en faire les premières études. Il correspondait exactement à ce que Gamow avait prévu !

Depuis cette période, ce rayonnement est devenu un document astronomique de la plus haute importance. On l'étudie avec des techniques toujours plus précises. On en fait des images qui reconstituent, avec des résolutions accrues, l'aspect du cosmos dans son plus lointain passé. En direct : l'univers des premiers temps ! Le voici en figure 2. (Je précise qu'il ne s'agit pas d'images de synthèse, mais bien d'authentiques documents photographiques. Seules les couleurs sont artificielles.)

L'existence même de ce rayonnement a magnifiquement confirmé la théorie du Big Bang. Elle a suffi à convaincre la communauté scientifique de la haute crédibilité de ce scénario des débuts du cosmos. D'autres observations, dans des domaines totalement différents (physique nucléaire et atomique), ont par la suite encore conforté cette vision du monde.

Rappelons que, dans ses grandes lignes, la théorie affirme que l'univers n'a pas toujours existé, qu'il a un âge, qu'il est en évolution, que depuis ses premiers temps il se refroidit, se raréfie et s'obscurcit. Il y a de bonnes raisons de penser que ces affirmations continueront à tenir la route, même si des avancées devaient modifier de façon importante le cadre conceptuel dans lequel la théorie s'inscrit aujourd'hui.

Ajoutons pourtant que cette thèse n'est pas sans problème. Elle rencontre plusieurs difficultés de cohérence interne, et laisse quantité de questions sans réponse. Mais, ne l'oublions pas, la science est un processus en développement, et la théorie du Big Bang, comme toutes les théories de la physique, n'est pas définitive. La science n'est pas un domaine de certitude et de vérité, mais plutôt de plausibilité.

La naissance de l'hydrogène

Revenons à l'image du cosmos (figure 2) que nous donne le rayonnement fossile, détecté pour la première fois en 1965 et observé de nombreuses fois depuis par des radiotélescopes millimétriques de plus en plus puissants.

Ce rayonnement a été émis quand l'univers avait environ quatre cent mille ans, alors que sa température moyenne avoisinait trois mille degrés Celsius. Ce n'est donc pas l'instant initial, mais presque. Aujourd'hui, la température cosmique est de moins deux cent soixante-dix degrés Celsius (soit trois degrés absolus).

L'époque de l'émission du rayonnement fossile correspond au moment où sont apparus dans l'univers les premiers atomes d'hydrogène. Auparavant, la température était trop élevée pour qu'ils puissent exister. Leurs constituants, électrons et protons (C-53 et C-54), ne parvenaient pas à se combiner d'une façon stable.

L'univers se présentait comme un vaste plasma, tels ceux que nous trouvons dans nos tubes fluorescents. C'est donc l'apparition des premiers atomes dans l'univers que commémore pour nous l'émission du rayonnement fossile.

10

Germes de galaxies

Le rayonnement fossile nous apprend que l'univers était, à cette époque primordiale, hautement homogène. La température était la même partout, avec de très faibles fluctuations, ici et là, qui ne dépassaient pas d'un cent millième la valeur moyenne. Ces fluctuations (très amplifiées !) apparaissent sur la figure 2 comme un fourmillement de points rouges (plus chauds) et bleus (plus froids). À l'inverse, l'univers actuel présente de très grandes variations de températures entre les étoiles, portées à des millions, voire des milliards de degrés, et l'espace intersidéral, dont la température moyenne est de trois degrés. L'univers se refroidit !

Il se raréfie aussi. Il est un milliard de fois moins dense aujourd'hui qu'à l'époque de l'émission du rayonnement fossile. Il est passé en moyenne de l'équivalent de cinq milliards d'atomes par mètre cube à celui de cinq atomes par mètre cube.

Le fourmillement de taches colorées sur la figure 2 nous révèle les lieux de naissance des amas de galaxies.

Les taches rouges, où non seulement la température

mais aussi la densité sont plus élevées, sont les lieux où vont naître les grandes structures de l'univers. Ce sont les « germes » des galaxies.

Attirée par la force de gravitation, la matière qui les environne va venir s'agglutiner sur chacun de ces germes, augmentant sa masse. Ainsi, par une sorte d'effet boule de neige, très lent au début, puis s'accélérant progressivement jusqu'à devenir une véritable avalanche, des régions de hautes densités vont se former dans un espace où, aux alentours, la matière se raréfie. S'effondrant ensuite sous leur propre poids, ces masses se fragmenteront pour donner naissance aux premières galaxies et aux premières étoiles. Puis, se contractant encore davantage, ces astres se réchaufferont au point de pouvoir émettre de la lumière et, plus tard, devenir semblables aux étoiles de nos cieux actuels. On estime que les premières étoiles ont commencé à briller environ quatre cents millions d'années après le Big Bang.

Il est émouvant de penser que l'image du rayonnement fossile illustre la germination de tout ce qui compose l'univers d'aujourd'hui. Les galaxies, les étoiles, les planètes y sont virtuellement présentes…

Nous est-il possible d'observer des moments encore plus anciens de l'univers ?

En principe, oui. Non pas avec les photons que détectent nos télescopes, mais avec d'autres particules, beaucoup plus pénétrantes. Comme les rayons X peuvent traverser le corps humain alors que la lumière visible en est incapable, les neutrinos (C-56) et les gravitons (C-59) (qui véhiculent la gravité) pourraient nous donner accès à des périodes bien antérieures. L'astronomie neutrinique pourrait nous ramener à la première seconde de l'univers, tandis que l'astronomie gravitationnelle nous donnerait pratiquement accès au Big Bang lui-même.

Les difficultés ne sont pas d'ordre théorique, mais technique. Le principal problème vient de la très faible énergie des neutrinos émis au début de l'univers, ce qui les rend très difficilement détectables par nos instruments de mesure.

Pour les gravitons, la situation est meilleure, des télescopes gravitationnels seront bientôt opérationnels aux États-Unis et en Europe. Une nouvelle phase de l'astronomie s'ouvre, riche de promesses pour notre exploration du cosmos. Les premiers signaux devraient être enregistrés d'ici quelques années.

Au départ, il s'agira vraisemblablement d'événements récents, d'origines stellaire et galactique. Et ensuite peut-être, espérons-le, d'événements beaucoup plus anciens, reliés aux premières millisecondes, ou même microsecondes, de la vie de l'univers. Tout est possible.

Aux premiers temps,
il y avait la chaleur.
Mais avant ?

Le Big Bang est-il vraiment le tout début de l'univers ? Est-ce son acte de naissance ? Est-il possible qu'il n'y ait rien eu avant ? Voilà des questions qui sont souvent posées quand on évoque le Big Bang.

Notre naissance personnelle, la naissance de la Terre, celle du Soleil sont des événements qui se situent à un moment donné dans le temps et qui, par conséquent, s'inscrivent dans une chronologie. Il y a un avant, puis un moment où ces événements ont lieu. Que peut-on dire de la naissance de l'univers dans ce contexte ? Ce n'est certes pas un événement comme les autres.

La question la plus pertinente, me semble-t-il, est la suivante : pourquoi l'univers primordial était-il chaud ? Quelle est l'origine de cette énergie thermique extrême qui est responsable du mouvement des galaxies et donc de l'expansion du cosmos ? Quelle est la « dynamite » qui a fait exploser l'univers ? Et d'où provient-elle ?

Nous savons maintenant que cette chaleur pourrait

provenir de phénomènes découverts grâce à l'étude des atomes.

Expliquons-nous. Dans les années 1920-1930, les physiciens ont réussi à comprendre le comportement des atomes en formulant une nouvelle théorie appelée «physique quantique». Cette théorie s'est révélée être une mine d'or. Elle a permis de découvrir l'existence de quantité de phénomènes parfaitement inconnus jusqu'alors, comme l'antimatière (C-48).

Mais elle prévoit également l'existence de nouvelles formes d'énergies, que nous appelons «énergies quantiques» ou encore «énergies du vide». L'important pour nous, c'est que de telles énergies peuvent se transformer en chaleur.

Le Big Bang aurait été provoqué par la transformation en chaleur d'une forme d'énergie quantique répandue dans tout l'espace.

Cette hypothèse est aujourd'hui prise au sérieux par la majorité des astrophysiciens. Sous une forme ou sous une autre, elle a de bonnes chances de n'être pas sans rapport avec la réalité.

12

Avant, il y avait
les énergies quantiques.
Mais avant ?

Que sont ces énergies quantiques, appelées souvent « énergies du vide » ? Il faut garder en mémoire que, dans toute discipline scientifique, les expressions prennent leur sens par rapport à une expérience ou à une opération spécifique. Ici tout se passe autour de l'opération « faire le vide ».

Au sens propre du terme de l'expression, « faire le vide » consiste à enlever d'un contenant tout son contenu. Ce genre de manipulation a commencé au XVIIIe siècle quand, à l'aide de pompes, on a essayé d'extraire l'air de certaines enceintes. On supposait que le vide serait atteint quand il ne resterait plus une seule molécule d'air.

Mais la réalité s'est avérée beaucoup plus complexe. On a découvert que même si l'on arrivait à extraire la toute dernière molécule d'air, il y avait encore des énergies résiduelles résistant à tout effort d'extraction. Elles se présentent sous la forme de diverses particules, comme les photons, les électrons, etc., qui interagissent entre elles. L'activité est incessante.

On pourrait dire que le vide «bourdonne» en permanence. Les énergies liées à cette activité s'appellent énergies quantiques ou «énergies du vide».

Ces énergies résiduelles existent partout dans l'univers. Elles pourraient avoir joué un rôle dans l'histoire du cosmos. En particulier, elles seraient responsables de la très grande chaleur qui régnait au moment du Big Bang.

Remarquons en passant que, dans ce contexte, c'est en étudiant le comportement des minuscules atomes que nous avons découvert des phénomènes qui s'étendent à la dimension du cosmos et qui pourraient en déterminer le comportement global. De l'infiniment petit à l'infiniment grand !

Développée par des physiciens comme Bohr, Heisenberg, Schrödinger, Louis de Broglie, la théorie quantique a rapidement connu un immense succès grâce à sa capacité de décrire avec une extraordinaire précision non seulement le monde atomique, mais aussi toutes les manifestations de la lumière, et bien d'autres choses encore. À tel point qu'on peut dire que toute la nature est essentiellement quantique.

Mais, demanderons-nous, d'où proviennent ces énergies quantiques ? La réponse à cette question nous permettrait de reculer encore un peu plus dans le temps et d'aborder, peut-être enfin, la période de l'avant Big Bang !

Maints scénarios ont été proposés dans le but de reconstituer la séquence des événements qui auraient précédé le Big Bang et qui auraient amené à son avènement. Mais, jusqu'ici, aucun n'a pu passer les tests de la validation incontournable des théories scientifiques : la confrontation avec les observations. Ce sont, pour l'instant, des spéculations en attente de confirmation (ou d'infirmation). Nous sommes dans la *terra incognita*, la région encore à explorer au-delà de l'horizon de la connaissance qui est le nôtre au début du XXIe siècle.

13

La courbure de l'univers

Retournons aux figures 1 et 2, qui nous ont déjà donné des renseignements sur l'état primordial de l'univers. Elles vont nous en donner bien d'autres…

C'est ici l'occasion de reprendre la question de la dimension du cosmos.

Il nous faut d'abord établir une distinction entre les mots « illimité » et « infini ». La Terre n'est pas infinie, mais elle n'a pas de limites. Quiconque la survole ne rencontre jamais de « bord de la Terre ». Il peut continuer indéfiniment. Simplement, il repassera régulièrement au-dessus des mêmes endroits ! Car la Terre possède une surface de géométrie sphérique qui lui permet d'être illimitée sans être infinie. Retenons cette digression terrestre pour aborder la suite de notre discussion.

Les galaxies, les étoiles, notre planète se situent dans le vaste espace de l'univers. Aujourd'hui, l'astronomie nous permet d'étudier les propriétés de cet espace dans son ensemble, de nous interroger sur sa géométrie. Qu'est-ce que cela veut dire ?

Commençons par un petit retour à des notions fondamentales de géométrie :

– les lignes, les surfaces et les volumes. Une ligne est un espace à une dimension ; une surface, un espace à deux dimensions ; et un volume, un espace à trois dimensions ;

– la notion de courbure. Une ligne peut être droite ou courbe. Sa courbure peut être différente en divers points. Une surface peut être plate (la page de votre livre) ou courbe (la surface d'un ballon). Et la courbure peut avoir plusieurs valeurs (selon la grosseur du ballon).

On a longtemps cru que la Terre était plate. Pourtant, dès 450 avant Jésus-Christ, un astronome grec, Ératosthène, en observant la différence entre les positions du Soleil dans le ciel à midi, entre Alexandrie et Syène (Assouan), a pu estimer la circonférence de la Terre, montrant ainsi qu'elle est ronde. Aujourd'hui, les photos de notre planète vue de l'espace nous le confirment. Il suffit de les observer pour connaître sa courbure. Soulignons encore une fois le rôle essentiel des observations pour obtenir une réponse fiable.

Jusqu'ici, rien de bien malin. Et voici le passage délicat. Tout comme les lignes et les surfaces sont plates ou courbes, les volumes aussi (espaces à trois dimensions) peuvent être plats ou courbes ! C'est ce qu'ont découvert deux grands mathématiciens allemands, Gauss et Riemann, au XIXᵉ siècle. Mais, problème : comment nous représenter un volume courbe ? Impossible ! Pourtant, le fait que nous ne le puissions pas n'est dû qu'aux limites de notre imagination… Notre intelligence peut le concevoir et y effectuer des quantités de calculs.

Alors, comment pourrions-nous savoir si notre

cosmos, tel que nous le présentent les figures 1 et 2, est un espace plat ou courbe ?

Imaginons que nous naviguons parmi les galaxies à bord d'une fusée ultrarapide. Par le hublot, nous les observons qui défilent au loin. Si l'espace est plat et l'univers infini, nous verrons continuellement et indéfiniment de nouvelles galaxies entrer dans notre champ de vision. Mais si l'espace est fini et courbe, après un certain temps, selon la courbure, nous pourrions revoir les mêmes galaxies revenir et se succéder dans l'ordre où nous les avions rencontrées la première fois. Comme tout passager d'un avion survolant le globe terrestre, nous entrerions à nouveau dans la même région. L'univers serait alors illimité, comme la surface de la Terre, mais, également comme elle, de dimensions finies. Évidemment, un tel voyage est encore techniquement impossible, mais son évocation illustre bien la différence entre un espace plat et un espace courbe.

Et de notre espace cosmique, que pouvons-nous savoir ? Que nous dit à ce sujet notre guide Albert Einstein ? Deux choses importantes :

– d'abord, qu'il pourrait effectivement avoir une courbure (être courbe). Autrement dit, il n'y a pas de raison qu'il n'en soit pas ainsi et rien ne justifierait l'affirmation qu'il n'ait pas de courbure ;

– ensuite, que la valeur de cette courbure pourrait vraisemblablement être mesurée à partir des observations appropriées (encore inaccessibles au début du XXe siècle).

Mais je rappelle qu'Ératosthène mesurait la courbure de la surface terrestre (géométrie à deux dimensions), alors qu'ici nous cherchons la courbure du volume de l'espace cosmique (espace à trois dimensions). Et je rappelle aussi que la difficulté d'imaginer cette courbure n'enlève rien à son hypothétique réalité.

Or il se trouve que, tout comme Ératosthène, nous avons maintenant sous la main une observation qui nous permet de déterminer la courbure de l'espace cosmique. C'est l'étude de l'image du rayonnement fossile (figure 2).

La distribution des points rouges (les régions les plus chaudes) et des points bleus (les régions les plus froides) contient des informations qui nous permettent de répondre à notre question. Et que nous dit-elle? Elle nous apprend que l'espace cosmique a une courbure nulle! (Presque nulle, aux incertitudes observationnelles près.) C'est ce que signifient les mots «l'espace cosmique est plat». (Les calculs requis pour arriver à cette conclusion ne sont pas simples et ne peuvent être explicités dans le cadre de ces chroniques.)

Résumons ce point difficile à appréhender. La théorie d'Einstein, sur laquelle repose la théorie du Big Bang, nous dit que l'espace cosmique pourrait être courbe, mais ne donne aucune indication sur la valeur de sa courbure. Les observations (l'étude du rayonnement fossile) nous ont appris que cette courbure est nulle (ou quasi nulle). La géométrie de l'espace cosmique est «plate» dans l'espace à trois dimensions.

Argumentation difficile à suivre? Bien sûr! Conseil au lecteur : relire ce texte plusieurs fois. Se familiariser avec un point obscur aide souvent à y voir plus clair.

Les univers miroirs

Nous allons maintenant aborder une autre propriété de l'espace cosmique, que l'étude de notre figure 2 pourrait nous aider à connaître. Après avoir parlé de sa géométrie, nous allons maintenant aborder sa topologie. Attention, ce sujet n'est pas facile. Mais il vaut quand même un petit essai. Le succès serait, en soi, une belle récompense !

D'abord, un souvenir personnel.

Quand j'étais enfant, nous allions régulièrement chez le coiffeur. À Montréal, on utilisait alors le mot « barbier ». Parmi leurs nombreuses boutiques, de la Côte des Neiges où j'habitais alors, une me plaisait particulièrement. Ses murs étaient recouverts de miroirs. En ouvrant la porte, on entrait dans un espace infini. De chaque côté, l'œil percevait, mille fois répétées, les mêmes images de fauteuils et de barbiers rasant des visages et lavant des têtes. On pouvait s'apercevoir soi-même, de face, de dos, de côté... selon toutes les orientations possibles. Mais chacun savait qu'il s'agissait d'une illusion : le salon était de dimensions très modestes, il n'y avait que quatre fauteuils, accueillant quatre clients, et quatre barbiers, que les miroirs multipliaient à l'infini. On avait l'impression d'être au milieu de milliers de personnages.

Au début du XXᵉ siècle, des astrophysiciens ont imaginé que l'univers ne contenait qu'un tout petit nombre de galaxies occupant un espace restreint, et qu'au-delà d'une certaine distance on revoyait les mêmes galaxies, puis plus loin encore, et de nombreuses fois, jusqu'à l'infini.

Bien sûr, dans l'univers, il n'y a pas de miroirs comme chez le barbier de mon enfance. Mais des mathématiciens ont démontré qu'il était possible que certaines propriétés de son espace puissent jouer un rôle équivalent. C'est-à-dire faire se répéter les images d'une source lumineuse, donnant ainsi l'impression d'un espace infini, alors qu'il ne le serait pas. Une sorte de mirage qui en engendrerait d'autres… On parle alors des propriétés « topologiques » de l'espace.

Dans la boutique du barbier, les miroirs pourraient aussi être placés d'une autre façon. Un coiffeur imaginatif pourrait avoir un salon en forme de pyramide triangulaire, d'hexagone ou de sphère, comme certaines salles de cinéma. La réflexion des murs en serait alors totalement modifiée, et ce que l'on verrait n'aurait plus rien de similaire avec les images de mon enfance.

De même, il existe un grand nombre de topologies possibles de l'espace, qui donneraient des représentations très diverses des archipels galactiques. Certaines topologies pourraient avoir un effet semblable à celui des miroirs dans la boutique du barbier. C'est-à-dire reproduire un grand nombre de fois l'image d'une même galaxie. On pourrait ainsi imaginer que certaines galaxies lointaines de la figure 1 soient des images-fantômes de notre galaxie, la Voie lactée… Nous la verrions donc non pas telle qu'elle est maintenant, mais telle qu'elle était dans un lointain passé. En effet, l'image étant située très loin dans l'espace, la lumière qui en émerge aurait mis beaucoup de temps à nous rejoindre. Nous pourrions ainsi voir l'aspect de notre galaxie il y a des milliards d'années et, si ces images sont nombreuses, obtenir des visions à plusieurs périodes de son histoire, que l'on pourrait ainsi reconstituer.

Maintenant, revenons à notre espace cosmique, qui pourrait avoir un grand nombre de topologies, de la plus simple, qui est équivalente à «pas de miroir du tout», à toutes les configurations possibles.

Comment pourrions-nous tenter de savoir ce qu'il en est? D'abord en observant les galaxies lointaines (figure 1), en essayant de constater s'il y a des répétitions. Si, par exemple, on pouvait prouver que l'image de la galaxie d'Andromède, une de nos plus proches voisines, se retrouve plus loin, et plus loin encore, on aurait une observation capable de nous éclairer sur la topologie de notre espace. Mais les images du cosmos que nous avons sont encore trop imprécises pour pouvoir nous en assurer. Il faudrait améliorer considérablement la résolution des télescopes.

La figure 2 offre déjà plus d'espoir. La topologie de l'univers pourrait être lisible dans le dessin que forment les points chauds et les points froids. L'étude de leur distribution se poursuit avec vigueur. Les résultats préliminaires ne donnent pas d'informations précises. Mais la mise en orbite prochaine d'un nouveau radiotélescope spatial puissant pourrait bientôt nous renseigner sur la possibilité que notre univers soit un univers miroir. Ce qui signifierait vraisemblablement, en analogie avec la boutique du barbier, qu'il n'est pas infini. Pour l'instant, nous n'en sommes pas là. Nous ne savons pas encore si l'espace cosmique possède une topologie simple ou une topologie complexe et si l'univers est infini ou fini. On peut encore parier…

15

On ne voit que 5 %
de la matière de l'univers

Reprenons notre figure 1 prise par le télescope Hubble, la vision de l'univers dans sa plus grande dimension : des galaxies à perte de vue… Cette image – qui nous a apporté tellement d'informations sur la nature et le comportement de l'univers – nous en offre encore par ce qu'elle ne nous montre pas !

Ici, nous accédons à l'une des plus grandes énigmes de la cosmologie contemporaine. Nous savons maintenant que ce que nous voyons dans cette image ne représente pas plus de 5 % de ce qui s'y trouve vraiment. En d'autres mots : environ 95 % de la substance de l'univers est invisible au télescope. Un peu comme si, en survolant la mer, on n'apercevait que l'écume blanche des vagues mais pas l'eau elle-même ! Voilà de quoi attiser la curiosité des chercheurs et dérouter ceux qui affirment que nous connaissons pratiquement tout de notre monde…

Mais comment savons-nous que ces 95 % existent puisqu'il nous est impossible de les voir ?

Notons au départ que la matière peut se manifester à nous de diverses façons. D'abord en émettant de la lumière, c'est-à-dire en envoyant des photons. C'est le cas des étoiles. Émises par les atomes de ces astres, ces particules voyagent jusqu'à nous. Nos détecteurs (yeux, plaques photographiques) les enregistrent. C'est ainsi que nous connaissons l'existence des galaxies que nous voyons dans la figure 1.

On appelle «matière ordinaire» celle qui nous est perceptible de cette façon. Elle est composée, comme vous et moi, d'électrons, de protons et de neutrons (C-52) formant des atomes. Elle ne représente, répétons-le, que 5 % de notre univers. Mais la présence de la matière peut également se manifester par l'action de la gravité qu'elle exerce sur ce qui l'entoure. Imaginons, pour illustrer ce phénomène, que la nuit prochaine le Soleil s'éteigne. Demain matin : pas de lever de Soleil ; il ne nous envoie plus de lumière. Comment pourrions-nous savoir s'il est encore là ? Parce que, même s'il ne brillait plus, il attirerait toujours la Terre, qui continuerait inlassablement son périple annuel autour de lui.

Nous pourrions le vérifier en observant le mouvement des constellations dans le ciel. Elles reviendraient à leur saison, comme avant. Rien ne changerait dans leur parcours, perçu dorénavant dans une nuit perpétuelle.

En effet, nous savons depuis Newton et Einstein que toute matière, quelle que soit sa nature, qu'elle émette de la lumière ou non, exerce une force de gravité sur les corps avoisinants. Cette force régit leurs mouvements. Si ces corps ainsi influencés émettent de la lumière, nous pouvons connaître indirectement l'existence de la matière non visible qui les attire.

C'est de cette manière que les astronomes ont débusqué la présence d'un trou noir (C-29) au centre de notre galaxie. C'est par des méthodes semblables que nous avons découvert l'existence de ces substances invisibles qui constituent la majeure partie de la densité de l'univers, l'analogue de l'eau sombre sous l'écume des vagues.

Et nous savons maintenant qu'il en existe deux variétés différentes. On les appelle respectivement la « matière sombre » et l'« énergie sombre ».

16

Comment on a découvert
l'existence de la matière sombre
(appelée aussi masse manquante)

L'existence de la matière sombre a été pressentie il y a plus de soixante-dix ans par l'astronome suisse Fred Zwicky, et progressivement confirmée depuis.

On comprendra la démarche de Zwicky à partir de l'exemple suivant : si notre Lune ne tombe pas sur la Terre (nous le savons depuis Newton), c'est parce qu'elle est en orbite autour de notre planète. La vitesse à laquelle elle tourne autour de la Terre lui procure la force centrifuge requise pour contrecarrer exactement la force d'attraction gravitationnelle qui l'attire vers notre sol. Si elle allait plus vite, elle s'échapperait dans l'espace, et nous la perdrions. Et si la Terre était plus massive, la Lune, à sa distance présente, devrait tourner plus vite pour conserver cet équilibre. Ainsi, nous pouvons mesurer la masse de la Terre à partir de la vitesse orbitale de la Lune. Cette technique nous permet aussi de connaître la masse du Soleil à partir du mouvement orbital de la Terre.

La même technique peut encore s'appliquer à la trajectoire des étoiles autour du centre de la galaxie. Notre Soleil, par exemple, décrit une orbite en deux cents millions d'années, à une vitesse d'environ 200 km/s autour du centre de la Voie lactée.

Mais, cette fois, il y a un problème. La masse visible de la galaxie (étoiles, nébuleuses, etc.) qui attire les étoiles vers son centre n'est pas suffisante pour les maintenir sur leur orbite. Il faudrait environ dix fois plus de matière entre elles et le cœur galactique. En d'autres termes, si la galaxie ne contenait que les étoiles et les nébuleuses que nous observons avec nos télescopes, les étoiles s'en échapperaient rapidement pour s'envoler dans les espaces intergalactiques ! Ce même problème se retrouve dans les autres galaxies pour lesquelles des études similaires ont été faites.

Que conclure ? Les galaxies doivent contenir une autre composante, invisible celle-là (c'est-à-dire n'émettant pas de photons), environ dix fois plus massive que la somme des étoiles et des nébuleuses, et qui, au même titre que la matière qui nous est familière, a la propriété d'attirer les corps qui l'entourent. C'est ce que nous appelons la « matière sombre ».

Plusieurs autres observations, portant non pas sur le mouvement des étoiles mais sur les mouvements des galaxies elles-mêmes au sein des amas de galaxies, nous ont amenés aux mêmes conclusions qualitative (il y a de la matière invisible) et quantitative (il y en a environ dix fois plus que de matière visible).

Quelle peut être la nature de cette étrange composante et quelles en sont les propriétés ?

17

Regard critique sur l'existence
de la matière sombre

Résumons-nous avant d'aller plus loin. À partir d'un certain nombre d'observations, nous avons conclu à l'existence, dans tout l'univers, d'une substance mystérieuse que nous avons appelée la «matière sombre», et qui serait responsable de la très grande vitesse des étoiles dans leur mouvement de rotation autour du centre de la galaxie à laquelle elles appartiennent. Nous ne savons rien quant à la nature de cette masse, sinon qu'elle exerce sur son environnement une attraction par laquelle elle se manifeste indirectement à nous. Des études à l'échelle cosmologique montrent qu'elle constitue environ le quart de la densité totale de l'univers.

Ici, il importe de jeter un regard critique sur cette information et de tenter d'en estimer la validité.

Elle repose d'abord sur l'idée que la seule façon d'expliquer la grande vitesse des étoiles autour de la galaxie est de présumer l'existence d'une composante massive invisible. Or cette idée suppose que la théorie de la gravité est valable aussi bien à l'échelle de la galaxie (milliers d'années-lumière) qu'à l'échelle du système solaire (très inférieure à une année-lumière), où elle a été bien confirmée par les observations. Mais si elle n'est pas applicable aux grandes échelles du cosmos, alors le problème disparaîtrait de lui-même puisque c'est la théorie qui serait en faute. En science, les extrapolations sont toujours dangereuses et demandent à être confirmées.

Cette question a été explorée en détail par les physiciens. Bien que les résultats ne soient pas définitifs (rien ne l'est jamais complètement dans la recherche), on a d'excellentes raisons de faire confiance à la théorie de la gravité aux plus grandes échelles du cosmos. On peut, avec un haut degré de crédibilité, accepter l'idée qu'il faut plus de matière que ce que nous voyons.

La démarche qui consiste à inventer une nouvelle entité (ici la matière sombre) à partir d'une seule observation (ici, la mesure de la vitesse des étoiles) laisse toujours insatisfait. On peut évoquer la période alexandrine où, pour rendre compte du mouvement des planètes, on palliait chaque difficulté en inventant un nouvel élément d'orbite appelé « épicycle ». La panoplie des épicycles a disparu quand Kepler a montré que les orbites planétaires ne sont pas circulaires mais elliptiques. L'introduction dans le domaine de la connaissance de nouveaux éléments doit d'abord être regardée comme provisoire, et demande à être pleinement critiquée et justifiée.

Heureusement, nous pouvons vérifier l'existence et estimer la densité de la matière sombre de plusieurs autres manières, établies à partir d'observations différentes. Le résultat est toujours sensiblement le même :

environ 25 % de la densité totale de l'univers. Une telle concordance d'estimations nous amène à prendre vraiment au sérieux l'existence d'une telle substance.

Mais de quoi est-elle constituée ?

S'agit-il de particules, sous forme gazeuse comme l'air ? Elles devraient alors être extrêmement discrètes. Elles n'émettraient ni n'absorberaient de lumière. Leurs interactions avec la matière ordinaire devraient être excessivement faibles. Sinon, nous les aurions déjà décelées avec les techniques de nos laboratoires !

Une course à la découverte et à l'identification de ces mystérieuses particules se poursuit grâce à différents accélérateurs dans le monde. On cherche à améliorer la sensibilité des appareils pour atteindre des niveaux de détection toujours meilleurs. En parallèle, les théoriciens s'évertuent à imaginer des candidates possibles dans le cadre de la physique contemporaine. Les travaux vont bon train, mais rien de sérieux ne se profile encore à l'horizon. Une autre affaire à suivre…

18

La découverte
de l'énergie sombre

Nous abordons maintenant la seconde composante de la densité du cosmos, appelée l'énergie sombre.

La découverte de son existence est l'un des événements les plus marquants de la cosmologie des dix dernières années. Elle était parfaitement inattendue, et elle a pris tous les astronomes par surprise.

Voici l'histoire. Reprenons notre figure 1. Edwin Hubble a montré que les galaxies sont animées d'un mouvement dit de récession. Elles s'éloignent toutes les unes des autres. Mais, sachant que ces galaxies exercent entre elles une force d'attraction qui devrait les ralentir, il était naturel de prévoir que leurs vitesses diminuent progressivement (décélération) au cours du temps. À l'image du caillou lancé à la verticale qui ralentit jusqu'à s'arrêter et faire demi-tour pour retomber sur la Terre qui l'attire. Détecter cette décélération devint un objectif prioritaire pour les astrophysiciens. Mais comment y parvenir ?

L'idée est simple. On mesure la vitesse d'une galaxie, et on calcule la distance qu'elle devrait avoir franchie si cette vitesse avait toujours été la même depuis le Big Bang. On compare cette distance calculée à la distance mesurée. À cause de la décélération prévue, la galaxie devrait être moins loin que si elle n'avait subi aucune décélération. La différence devrait donc nous renseigner sur sa perte de vitesse, provoquée par l'attraction que produit sur elle l'ensemble des autres galaxies de l'univers, comme la décélération du caillou nous renseigne sur la masse de la Terre qui l'attire.

Les premières observations datent de 1995. À la stupéfaction générale, les galaxies se trouvent non pas moins loin que prévu si leur vitesse n'avait pas changé, mais plus loin ! Scepticisme de la communauté scientifique : on soupçonne des erreurs de mesures ! On teste tout, on vérifie chaque point. Rien à faire. Les résultats tiennent la route. Pendant le même temps, une autre équipe d'astronomes fait les mêmes mesures et obtient des résultats tout à fait concordants. Dans le domaine de la recherche, on tient beaucoup à ce que les mesures soient confirmées par plusieurs équipes indépendantes, surtout si elles introduisent des éléments importants pour la connaissance.

La question maintenant se pose : qu'est-ce qui provoque cette force de répulsion qui amène les galaxies à se déplacer toujours plus vite ? Qu'est-ce qui fait qu'au lieu de la décélération prévue, nous constatons une accélération ? Il doit exister une force qui est capable non seulement de neutraliser la force d'attraction entre les galaxies, mais de prévaloir sur elle… C'est à partir de ces observations que l'on a été amenés à introduire l'idée de l'existence d'une nouvelle composante de l'univers. On la nomme « énergie sombre ». Contrairement à la matière sombre, elle n'attire pas, elle exerce un effet de répulsion !

19

Regard critique sur l'existence
de l'énergie sombre

Comme pour la matière sombre, nous adoptons maintenant une attitude critique face à cette nouvelle addition. Peut-on la confirmer par d'autres observations qui, établies par des technologies différentes, retrouveraient le même résultat? La réponse est oui, et cela de deux autres façons totalement distinctes.

La première fait appel à la géométrie de l'espace cosmique (C-13).

Un des grands succès de la théorie de la relativité d'Einstein a été de découvrir la relation intime qui existe entre la géométrie de l'espace et la densité totale de la matière qui s'y trouve. La planitude observée de l'espace cosmique nous permet donc d'évaluer la densité totale de l'univers, toutes composantes confondues. Elle est équivalente à celle qui résulterait de la présence de cinq atomes d'hydrogène (matière ordinaire) par mètre cube d'espace. Le mot «équivalent», ici, rappelle que les atomes d'hydrogène sont de la matière ordinaire qui ne représente en fait que 5 % de cette densité, tandis que la matière sombre ne contribue qu'au niveau de 25 % !

La seconde méthode fait intervenir le rayonnement fossile qui nous apprend que l'univers n'a pas de courbure. Cette propriété implique que l'espace renferme une certaine densité de matière et d'énergie. Or la somme des densités de matière ordinaire (5 %) et de matière sombre (25 %) fait apparaître un déficit important par rapport aux exigences de la géométrie plate du cosmos ! Par ailleurs, l'observation de la distance des galaxies les plus distantes montre qu'elles s'éloignent plus rapidement que prévu. Le calcul de la densité d'énergie sombre requise pour expliquer cet effet donne une valeur de 70 % ! Une simple addition montre donc que la somme de la matière ordinaire (5 %), de la matière sombre (25 %) et de l'énergie sombre (70 %) suffit à rendre compte de la géométrie du cosmos ! Tout cela concorde agréablement.

Une troisième argumentation nous est venue récemment de l'étude du rayonnement X émis par les amas de galaxies. Sans entrer dans les détails, l'analyse des résultats confirme bien la présence et la densité de l'énergie sombre.

Résumons-nous. Trois phénomènes différents, découverts par des techniques différentes (1. l'accélération des galaxies, 2. la géométrie du cosmos, 3. les émissions X des amas de galaxies), nous amènent à la même conclusion : l'existence dans notre univers d'une composante d'énergie sombre qui domine le cosmos (70 % de sa densité).

Découverte il y a à peine dix ans, l'énergie sombre fait maintenant partie du bestiaire des cosmologistes.

20

La nature
de l'énergie sombre

De cette énergie sombre, nous ne savons qu'une chose : elle se comporte comme une force qui exerce une influence répulsive sur les galaxies. C'est en effet comme cela que nous en avons découvert l'existence. Mais quelle peut bien en être la nature ? Aujourd'hui, nous en sommes encore réduits à ne formuler que des hypothèses.

Disons d'abord que la théorie de la relativité générale d'Einstein (C-41) prévoyait la possibilité d'une telle substance. Outre celle qui exerce une force d'attraction sur les astres (la gravitation universelle de Newton : les pommes tombent…), il pourrait également en exister une autre, capable d'exercer un effet de répulsion entre les astres. Mais rien ne prouvait que cette dernière substance n'était pas une pure vue de l'esprit. Rien n'attestait son existence.

Nous revenons ici sur la notion d'énergies quantiques (C-21), qui seraient responsables de la chaleur initiale de l'univers. Elles pourraient aussi l'être de l'accélération des galaxies.

Il faut distinguer ici deux éléments différents, qui

seraient susceptibles de provoquer cette accélération. Dans la version d'Einstein, l'accélération est reliée à une courbure « intrinsèque » de l'espace-temps, une sorte de donnée fondamentale de l'univers qui n'a rien à voir avec son contenu matériel et énergétique. Elle porte alors le nom de « constante cosmologique ». Dans la version de la physique quantique, elle est reliée aux énergies des champs quantiques. En principe, les deux éléments – l'un géométrique, l'autre physique – pourraient présenter des données d'observations différentes, qui permettraient d'identifier le véritable responsable de l'accélération cosmique. Pour l'instant, rien ne permet de le savoir. Mais les études se poursuivent…

La théorie du Big Bang nous apprend que l'effet de l'énergie sombre sur le cosmos augmente avec le temps. Les galaxies vont aller de plus en plus vite et se retrouver de plus en plus loin. Elles seront donc de plus en plus difficiles à observer au télescope.

Les plus distantes vont passer au-delà de notre horizon cosmique et deviendront invisibles. Nous aurons alors un ciel où les galaxies seront de plus en plus rares : l'image du champ profond (figure 1) se dépeuplera progressivement. Mais… pas de panique ! Nous avons encore plusieurs millions d'années avant que cette raréfaction ne soit réellement perceptible…

On peut se demander pourquoi nous ne sentons pas la force répulsive de cette énergie sombre, puisqu'elle domine la dynamique de l'univers. C'est que, contrairement à la force d'attraction exercée par la matière ordinaire et par la matière sombre, qui, elle, est d'autant plus forte que les corps sur lesquels elle s'exerce sont rapprochés, celle de l'énergie sombre est d'autant plus forte que ces corps sont éloignés. En pratique, elle ne se fait sentir qu'à des distances de milliards d'années-lumière. Nous n'avons donc aucune chance de la percevoir avec notre corps…

21

L'énigme
des énergies quantiques

La physique des atomes (physique quantique) prévoit, nous l'avons vu, l'existence des énergies quantiques. La question se pose alors de savoir si la densité de ces énergies est assez grande pour expliquer l'accélération des galaxies. Malheureusement, la physique contemporaine ne nous permet pas encore d'effectuer correctement ce calcul. Cette impuissance nous remet en présence du fait que nos théories sont encore très incomplètes, et que bien des éléments essentiels nous échappent toujours.

Pour aller plus loin, les physiciens ont inventé plusieurs scénarios différents. Le plus populaire porte le nom de «théorie des supercordes». Il suppose que l'espace cosmique est un espace à dix dimensions, dont trois seulement sont en expansion (les trois dans lesquelles nous vivons). Les autres se seraient contractées jusqu'à devenir inaccessibles à nos perceptions. Cette théorie, qui pourrait, en principe, nous permettre de faire le calcul que nous désirons, ne rallie cependant pas tous les suffrages de tous les chercheurs. Elle est encore largement spéculative, et n'a pas prouvé sa fiabilité en laboratoire ; exigence qui, rappelons-le, reste l'élément crucial qui permet de crédibiliser une hypothèse.

Mais il est tout à fait possible que l'accélération du cosmos soit provoquée par la présence des énergies quantiques.

Il est intéressant de raconter quelques-unes des péripéties rencontrées lors de cet essai d'évaluation de la somme des densités des énergies quantiques dans l'univers. Les premières estimations donnaient des résultats gigantesques, en désaccord total avec le simple fait que nous existons : l'univers n'aurait duré que quelques secondes… Problème de taille !

Plus tard, on découvrit que cette somme contenait des termes positifs et d'autres négatifs. Et que, par conséquent, elle pourrait bien donner un résultat nul, donc pas d'accélération du tout !

Mais, là aussi, problème ! Les observations effectuées sur l'accélération des galaxies montrent bien que la somme des densités des énergies quantiques n'est ni très grande ni nulle, sans que l'on ait la moindre idée de pourquoi elle vaut ce qu'elle vaut !

On remarqua aussi que si cette somme des densités avait été un peu plus grande, l'accélération de l'espace aurait inhibé la formation des galaxies et que les étoiles, les planètes et la vie sur la Terre ne seraient jamais apparues !

Il est également possible qu'il s'agisse de tout autre chose. De nombreux chercheurs mettent en avant l'hypothèse d'une autre substance, appelée « quintessence » (un clin d'œil à Aristote, qui utilisait ce terme) et qui jouerait dans l'univers le rôle répulsif mis en évidence par les observations.

Des programmes de recherches sont en préparation. D'ici quelques années, les résultats pourraient nous en apprendre un peu plus sur cette énergie sombre et nous dire si elle correspond vraiment à une énergie quantique ou à quelque mystérieuse quintessence, qui ferait alors son entrée dans le domaine de la physique…

22

Jusqu'à quelle température l'univers a-t-il été porté ?

Les observations de Hubble et la théorie de la relativité sont les fondements du scénario du Big Bang qui rencontre aujourd'hui l'assentiment de la grande majorité des astrophysiciens.

Le refroidissement progressif de l'univers à partir des températures initiales extrêmement élevées est une des affirmations marquantes de cette théorie. Mais en science, on aime passer du qualitatif au quantitatif ! Jusqu'à quelle température l'univers a-t-il été porté dans le passé ? Quelles preuves avons-nous de ce que nous pourrions affirmer à ce sujet ?

On peut comparer le travail des astrophysiciens à celui des préhistoriens, qui appuient toute description du passé sur des vestiges qui sont autant de témoignages. Ils cherchent des fossiles, à partir desquels ils peuvent tenter de reconstituer les conditions qui prévalaient à la période qu'ils veulent décrire. De même, en astrophysique, nous possédons un certain nombre de fossiles qui nous permettent de décrypter le passé du cosmos.

Le «rayonnement fossile» de photons, découvert

en 1965 (C-8), sera notre premier fossile cosmologique. Il témoigne du fait que l'univers a été assez chaud dans le passé pour que sa matière ait existé sous la forme d'un plasma de protons et d'électrons. Il marque aussi le moment où les premiers atomes d'hydrogène se sont formés à partir de ces particules qui, jusque-là, erraient solitaires dans l'espace. Pour cela, il devait régner une température supérieure à trois mille degrés. L'univers venait d'atteindre un âge de quatre cent mille ans…

Un second fossile provient des populations respectives des atomes d'hydrogène et d'hélium.

L'hélium n'existait pas aux premiers temps du cosmos. Il s'est formé à partir des protons (les noyaux d'hydrogène), par une séquence de réactions nucléaires. Or celles-ci ne se produisent spontanément qu'à des températures supérieures au milliard de degrés. D'où notre nouvelle conclusion : l'univers a été porté à de telles températures. À cette époque, il était âgé de quelques minutes.

Deux autres observations constituent des fossiles qui nous permettent de remonter encore plus loin, donc plus tôt et plus chaud :

1) dans la matière cosmique, les photons sont dix milliards de fois plus nombreux que les électrons ;

2) les galaxies et les étoiles sont constituées essentiellement de matière ordinaire. L'antimatière en est absente (C-49).

On a de bonnes raisons de penser – sans pouvoir le prouver définitivement – que ces observations pourraient s'expliquer si l'univers avait atteint des températures supérieures à un million de milliards de degrés.

A-t-il été plus chaud encore ? Selon la théorie du Big Bang : oui. Il pourrait avoir débuté à la température dite « de Planck » (C-66), soit cent mille milliards de milliards de milliards de degrés. Certaines propriétés du cosmos semblent le suggérer. Mais là, les arguments sont encore bien insatisfaisants.

En résumé : une physique solidement établie nous autorise à affirmer que l'univers a dépassé les températures de trois mille degrés (le rayonnement fossile) et d'un milliard de degrés (l'hélium). Des arguments moins solides nous permettent de remonter jusqu'à un million de milliards de degrés, et peut-être jusqu'à la température de Planck.

C'est ainsi que, de proche en proche, et avec l'aide des fossiles laissés par le refroidissement de l'univers, on peut arriver à décrypter son histoire thermique.

23

L'avenir de l'univers :
chaud ou froid ?

Les mesures de la vitesse des galaxies et des propriétés du rayonnement fossile nous donnent accès au passé de l'univers. Nous avons pu ainsi reconstituer son histoire dans ses grandes lignes, et identifier ses diverses composantes (lumière, matière ordinaire, matière sombre, énergie sombre). Pouvons-nous, à partir de ces acquis, tenter de prévoir son avenir ?

Le scénario du Big Bang est basé, rappelons-le, sur la théorie de la relativité générale d'Einstein, formulée en 1917 et qui ne cesse depuis de se crédibiliser aux yeux des physiciens. L'accord entre les prédictions de la théorie et les observations est toujours excellent.

Or que nous dit cette théorie sur l'avenir de l'univers ? Elle nous indique que deux scénarios sont possibles :

– Dans le premier, l'univers continue de se refroidir indéfiniment, sa température approchant toujours plus lentement le zéro absolu sans cependant l'atteindre. Le ciel devient de plus en plus obscur. Parallèlement, les galaxies perpétuent leur éloignement mutuel et l'espace se vide progressivement, sans jamais l'être complètement. En anglais, ce scénario porte le nom de « Big Chill » : le grand gel.

– Dans le second, après une époque d'expansion et de refroidissement prolongée (celle dans laquelle nous sommes aujourd'hui), les galaxies ralentissent leurs mouvements, s'arrêtent un temps et entament une marche arrière, revenant les unes vers les autres, à l'image du caillou lancé à la verticale et retombant ensuite vers le sol. À l'expansion cosmique succéderait alors une contraction. Dans le même temps, la température cesserait de se refroidir, se stabiliserait, puis augmenterait de nouveau jusqu'à atteindre les valeurs extrêmes qu'elle a connues lors du Big Bang. C'est le « Big Crunch » : le grand effondrement.

Donc, pour l'avenir, ce sera soit Big Chill, soit Big Crunch. Mais lequel ? Cela, la théorie ne le dit pas. Seules les observations pourront nous renseigner.

Avant la découverte de l'énergie sombre, tout semblait favoriser le scénario du Big Chill. Les mouvements des galaxies paraissaient être trop rapides pour pouvoir s'arrêter et revenir en arrière.

L'observation de l'énergie sombre (C-18) peut-elle modifier cette conclusion ? A priori, elle semble la rendre plus plausible encore puisque, à cause de ses effets, les galaxies s'éloignent de plus en plus rapidement les unes des autres. On semble donc tourner le dos à toute possibilité d'arrêt et d'inversion de leurs mouvements, de transformation de l'expansion en contraction.

Mais les choses ne sont pas si simples. Nous ne connaissons pas la nature de l'énergie sombre. Nous ne savons pas si elle garde toujours la même densité. Elle pourrait soit augmenter, soit diminuer au cours des milliards d'années à venir. De tels changements affecteraient d'une façon imprévisible les mouvements des galaxies.

Big Crunch ou Big Chill ? Personne, aujourd'hui, ne peut le dire. Mais rassurons-nous, la phase actuelle d'expansion durera vraisemblablement encore pendant plusieurs milliards d'années. D'ici là, de nouvelles observations pourraient nous éclairer et permettre de répondre à la question : quel avenir pour le cosmos ?

24

Des univers parallèles ?

Nous allons aborder maintenant un sujet populaire aussi bien chez les astronomes que chez les amateurs de science-fiction : les univers parallèles. Ils contribuent à accroître l'intérêt que suscitent l'espace et ses mystères.

La question se pose : y a-t-il d'autres univers que celui que nous observons dans nos télescopes, celui de la photo du champ profond prise par Hubble (figure 1) ? Des univers totalement déconnectés du nôtre et avec lesquels nous n'aurions aucun moyen de prendre contact ? Des univers qui, peut-être, hébergent des galaxies, des planètes, et, sur ces planètes, des gens qui s'interrogent ? Ou des univers totalement différents, en dehors de notre entendement même ?

La réponse est claire : oui, il est tout à fait possible que de tels univers existent par milliers, par millions, par milliards, à l'infini ! Aucun argument ne pourrait justifier l'affirmation contraire, à savoir que notre univers est le seul. On a choisi le mot « multivers » pour décrire l'ensemble comprenant tout à la fois notre univers et ces univers hypothétiques.

On l'aura compris, la difficulté est de trouver des preuves de leur existence (ou de leur non-existence). S'ils sont sans contacts possibles avec nous, comment le savoir ? Mais, comme dit le dicton : « Absence de preuve n'est pas preuve d'absence. » Quand les observations manquent, les théories peuvent fournir des suggestions. Celle du Big Bang n'est nullement incompatible avec la présence d'une multitude d'univers.

Le fait qu'il y ait des trous noirs dans notre univers (C-27) nous invite à envisager l'existence d'autres univers et nous donne même, en principe, des moyens d'aller les visiter. Disons seulement ici que les trous noirs sont des astres qui ne peuvent pas émettre de lumière. Celle-ci reste captive de la gigantesque gravité qui s'exerce à leur surface ; il y en a en grande quantité dans la Voie lactée, comme dans les galaxies extérieures à la nôtre.

Ces trous noirs se comportent comme de puissants aspirateurs qui absorbent tout ce qui tombe sur leurs surfaces. La gravité interdit toute communication avec leur intérieur. Toutefois, on pourrait y accéder. Des cosmonautes téméraires pourraient pénétrer sans trop de dommages dans les immenses trous noirs des galaxies massives. Par contre, à l'inverse de Marco Polo revenant de Chine, ils ne rentreraient jamais pour nous raconter ce qu'ils auraient vu.

Pourtant, il serait possible de ressortir des trous noirs si ceux-ci tournent assez vite sur eux-mêmes (c'est très vraisemblablement le cas pour nombre d'entre eux). Mais où réapparaîtrait-on ? Nous n'avons évidemment aucune réponse à cette question.

On peut imaginer que les cosmonautes éjectés d'un trou noir par sa rotation se retrouveraient quelque part aux confins de notre propre univers. On aurait donc là le moyen d'atteindre des distances qui, jusqu'ici, paraissent inaccessibles à cause de la durée du voyage. Cette possibilité séduit déjà les auteurs de science-fiction et peut-être, plus tard, intéressera-t-elle les agences de voyages intergalactiques !

Mais on peut aussi imaginer se retrouver dans des univers parallèles, complètement déconnectés du nôtre, dont les trous noirs seraient les portes d'entrée…

25

Le principe anthropique

Les énergies quantiques (C-21), qui sont vraisemblablement la cause de l'accélération des galaxies, ont une densité qui n'a pas empêché leur formation et, en conséquence, celle des étoiles, des planètes et de la vie. Cet élément prend place parmi bien d'autres observations qui montrent que les lois de la physique ont rendu possible le développement de la complexité dans l'univers. Il est facile de montrer que, si la matière avait été régie par des lois même très légèrement différentes, le refroidissement de l'univers après le Big Bang aurait engendré un monde stérile, sans vie, et a fortiori sans personne pour poser des questions…

Cette constatation est aujourd'hui le thème d'un intense débat parmi les astrophysiciens. Brandon Carter, de l'observatoire de Meudon, a inventé le terme de « principe anthropique » : le fait que l'homme existe dans l'univers est une donnée fondamentale de l'observation, puisqu'il implique que les lois de la physique ont permis l'élaboration du cerveau conscient. Cette information est susceptible d'ouvrir la porte à des questions philosophiques, et cela n'a pas manqué.

C'est ici qu'intervient l'idée du multivers. On suppose l'existence d'un grand nombre d'univers où les lois de la physique auraient toutes les formulations possibles. Seuls ceux où ces lois seraient très semblables aux nôtres seraient susceptibles d'héberger des interrogateurs. Les autres seraient muets, puisque la complexité et la vie n'auraient pas pu s'y développer. La théorie des supercordes appuie cette hypothèse.

Ainsi, rien d'étonnant à ce que les lois de la physique chez nous soient finement ajustées pour permettre la prise de conscience. Nous avons tout simplement la chance d'habiter un univers « fertile ». Les autres sont stériles, et il n'y a personne pour poser des questions.

Quel que soit l'attrait de ces hypothèses et suggestions, force nous est de reconnaître que l'existence des univers parallèles restera du domaine de la fiction tant que nous n'aurons rien de plus satisfaisant que ces considérations théoriques.

Notre univers est le seul dont nous sommes certains qu'il existe !

2

STELLAIRE
ET GALACTIQUE

26

Les amas de galaxies

Notre univers est richement structuré en systèmes de toutes dimensions. Dans un ordre progressif, on trouve :

– à petite échelle : les atomes, les molécules et les cellules vivantes ;

– à grande échelle : les planètes, les étoiles, les amas d'étoiles et les galaxies ;

– à plus grande échelle encore : les galaxies se rassemblent en amas de galaxies, un des sujets d'étude les plus actifs de l'astronomie contemporaine.

Notre galaxie, la Voie lactée, fait partie de l'amas de la Vierge. Ce nom lui vient du fait que la plupart de ses galaxies sont, par rapport à nous, situées dans la direction de la constellation de la Vierge. Les amas de galaxies contiennent en moyenne un millier de galaxies semblables à la nôtre. Ils s'étalent sur des centaines de millions d'années-lumière. On y trouve généralement quelques galaxies géantes. Des jets lumineux accompagnés de puissantes émissions radio se propagent depuis leur noyau central jusqu'à des centaines de milliers d'années-lumière (figure 3). Il y a toutes raisons de penser que ces jets sont émis (indirectement!) par les trous noirs géants (C-29) situés au centre de ces galaxies.

Grâce aux télescopes à rayons X, on a découvert récemment que les amas de galaxies baignent dans un rayonnement thermique de plusieurs millions de degrés. On ne connaît pas bien l'origine de ce rayonnement. Provient-il de l'activité des étoiles, particulièrement au moment de l'explosion qui accompagne la fin de leur vie (supernovæ)? Ou d'un reste de la chaleur émise par l'effondrement de la matière à la naissance de l'amas? Peut-être des deux? Observation étonnante: les galaxies ne constituent qu'une faible partie de la masse d'un amas: environ 5%. L'énergie associée au gaz chaud qui émet le rayonnement X atteint 20%, tandis que le reste (75%) est constitué de cette fameuse matière sombre dont nous avons déjà parlé (C-16).

Question: existe-t-il dans l'univers des structures plus grandes que les amas de galaxies? Des amas d'amas? Rien ne l'indique aujourd'hui. En ses grandes dimensions, l'univers devient de plus en plus homogène, de plus en plus «partout pareil». Entre celles des amas de galaxies, qui atteignent jusqu'à des centaines de millions d'années-lumière, et celle de la taille de l'univers observable (dizaines de milliards d'années-lumière), aucune concentration de matière ne se distingue dans le ciel.

Le rayonnement fossile émis aux limites de l'univers observable quelque quatre cent mille ans après le Big Bang nous apprend l'extrême homogénéité de l'univers à grande échelle, les fluctuations de densité n'y dépassant pas un dix millième de la valeur moyenne (C-10).

27

La possibilité des trous noirs

Imaginons qu'une nuit un malin génie écrase notre Soleil entre ses mains géantes, et que le rayon solaire initialement d'un million de kilomètres soit réduit à trois kilomètres. À cause de cette immense contraction, la force de gravité à sa surface serait telle que même la lumière solaire ne pourrait s'en échapper. Elle retomberait sur l'astre comme l'eau des fontaines. Le Soleil serait devenu un trou noir (C-27)!

L'idée d'un corps si condensé que rien ne pourrait s'en extraire, même pas la lumière, a été proposée au XVIIIe siècle, en particulier par Pierre Simon de Laplace. Mais ce n'est que dans le cadre de la théorie d'Einstein qu'elle a trouvé sa véritable formulation. La théorie atteste que de tels astres pourraient exister sans violer les lois de la physique. Ce sont donc des « êtres possibles », des « entités virtuelles ». Mais cela ne nous dit pas s'il en existe dans la nature.

Ici, nous touchons un point plus général de la recherche, qu'il est intéressant d'exposer. Les formulations mathématiques des théories contiennent parfois des termes qui pourraient indiquer l'existence de phénomènes inconnus. La détection possible de tels phénomènes devient alors un enjeu de grande importance pour la recherche – en gardant toutefois à l'esprit que ces termes mathématiques pourraient ne correspondre à aucune réalité.

Nous en avons déjà rencontré un exemple lors de la découverte de l'énergie sombre (C-18). La théorie d'Einstein laissait entrevoir son éventualité sous la forme d'un terme mathématique appelé la «constante cosmologique» (C-46). D'une façon analogue, la théorie quantique impliquait dans sa formulation mathématique l'existence possible d'énergies quantiques du vide (C-21) et d'antimatière (C-48). Les deux ont été observées. C'est à voir au cas par cas.

Mais revenons à notre pauvre Soleil écrabouillé entre les mains du génie malfaisant. Résultat : demain matin, pas de lever du jour. Ce serait encore la nuit. La nuit indéfiniment. Comment pourrions-nous savoir que l'astre noir est pourtant toujours là ? Simplement en observant que la course saisonnière des constellations se poursuivrait tout comme avant. Cette constatation suffirait à montrer que la Terre continue son orbite annuelle sous l'attraction de son étoile. En d'autres mots : même s'il ne nous envoyait plus de lumière, notre astre continuerait sans défaillir à exercer son influence gravitationnelle sur les planètes du système planétaire.

Selon un schéma qui nous est familier depuis que nous avons parlé de la matière sombre (C-17) dans l'univers, toute matière, qu'elle émette ou non de la lumière, exerce sur les corps de son voisinage une attraction gravitationnelle qui influence leurs mouvements. Et les effets révélant les causes, nous pouvons donc détecter les trous noirs. Indirectement, mais sûrement !

L'idée vient naturellement de nous demander si la matière sombre de l'univers ne serait pas elle-même due à une population de trous noirs essaimés un peu partout. Cette hypothèse a fait l'objet d'études sérieuses, qui ne l'ont cependant pas confirmée.

Pourtant, nous savons maintenant que la notion de trous noirs n'est pas qu'une pure création de l'esprit. Ils existent vraiment. Et ils sont même légion…

28

Les trous noirs stellaires

La théorie de la relativité générale d'Einstein – qui a introduit le concept de trous noirs – a été magnifiquement confirmée par leur détection dans le ciel. Le plus proche de nous se trouve à environ sept mille années-lumière, tout juste au-dessus de nos têtes à la fin des belles soirées du mois d'août, dans la constellation du Cygne.

Il en existe deux variétés distinctes, caractérisées par leur masse. La première contient des astres dont la masse est comparable à celle du Soleil, mais se trouve confinée en une sphère de quelques kilomètres de rayon, pas plus gros qu'un astéroïde. Ils sont répartis un peu partout dans le volume des galaxies. Le trou noir du Cygne en est un exemple. La seconde variété sera décrite dans la chronique suivante.

Ces astres étranges se forment au moment de la mort des étoiles les plus massives des galaxies. Tout au long de leur existence, les étoiles tirent leur énergie des réactions thermonucléaires qui se produisent dans leur cœur torride (atteignant des températures de dizaines ou de centaines de millions de degrés). Quand elles ont épuisé leur carburant nucléaire, elles s'effondrent sur elles-mêmes. Leur noyau résiduel, contracté par l'effet de leur puissante gravité, peut, dans certains cas, former un trou noir. Ainsi, depuis la naissance d'une galaxie, des générations d'étoiles engendrent de tels astres inertes dans l'immensité interstellaire. Il y en a vraisemblablement plus d'un milliard dans la Voie lactée, comme dans chacune des galaxies de l'univers. Mais leur masse totale ne représente pas plus de 1 % de la masse totale des galaxies.

Comment connaissons-nous leur présence ? Ces astres condensés agissent comme des aspirateurs géants qui engouffrent tout ce qui passe à leur proximité. La matière, prise au piège comme dans un maelström, est attirée par le trou noir, tournoie autour de lui, tourbillonnant comme l'eau d'une baignoire aspirée dans le trou de vidange. Le tout constitue ce que nous appelons un « disque d'accrétion ». Plus les masses capturées approchent du trou noir, plus le mouvement des masses capturées s'accélère. À cause de cette agitation croissante, elles s'échauffent rapidement. Elles s'illuminent alors et émettent des rayonnements de plus en plus intenses et de plus en plus énergétiques, jusqu'à devenir de puissantes sources de rayonnements.

C'est sous cet aspect que nous les détectons avec des télescopes appropriés, installés à bord de satellites en orbite au-dessus de notre atmosphère. C'est ainsi que ces trous noirs, qui n'émettent aucune lumière, nous deviennent indirectement visibles. Leur étude fait l'objet d'un grand chapitre de l'astronomie contemporaine.

Comme tous les astres, les trous noirs tournent sur

eux-mêmes. Déterminer leur vitesse de rotation est très difficile à cause justement de l'impossibilité de les observer directement. Mais, encore une fois, l'étude détaillée de la lumière émise par le disque formé par la matière aspirée vers le trou noir pourrait nous venir en aide. Des techniques nouvelles sont en préparation pour déterminer leurs périodes de rotation et connaître ainsi, de mieux en mieux, ces étranges habitants du cosmos.

29

Les trous noirs galactiques

La seconde variété de trous noirs est constituée d'astres atteignant des millions de fois la masse du Soleil. Leur rayon est comparable à l'orbite de la Terre. On les trouve au centre des galaxies. La nôtre en possède un relativement petit ; sa masse est de trois millions de fois la masse solaire (certains sont jusqu'à cent fois plus massifs). Il est situé dans la direction de la constellation du Centaure, pas loin de la belle étoile Antarès, visible en été, basse sur l'horizon, dans la direction du sud.

Parce que « notre » trou noir se trouve, par rapport à nous, dans le plan central de la Voie lactée où abondent les nébuleuses opaques, les effets révélateurs de sa présence sont particulièrement difficiles à observer. Pourtant, une très belle expérience astronomique a récemment confirmé son existence et permis d'en mesurer plus précisément les propriétés.

Tout comme les planètes tournent en orbite elliptique autour du Soleil, plusieurs étoiles décrivent des trajectoires analogues autour de notre trou noir (figure 4). En 1988, on a commencé à suivre le mouvement de l'une d'entre elles. Depuis le début de nos observations, elle a parcouru plus de la moitié de sa trajectoire, à une vitesse fabuleuse. Quand notre Terre se déplace à 30 km/s, cette étoile voyage à 30 000 km/s, soit un dixième de la vitesse de la lumière…

Les trous noirs d'un bon nombre d'autres galaxies s'expriment beaucoup plus intensément que le nôtre. Certains sont – indirectement ! – responsables d'une luminosité équivalente à celle d'un milliard de soleils. Et sur toutes les longueurs d'onde : du rayonnement radio jusqu'aux émissions gamma, en passant par l'infrarouge, le visible, l'ultraviolet et le rayonnement X. Ces astres portent le nom de « quasar », abréviation de « quasi-star », parce qu'à cause de leur taille très réduite on les a pris, au départ, pour des étoiles. D'autres émettent également des jets de matière qui s'étalent sur des millions d'années-lumière, quelquefois torsadés sur eux-mêmes (figure 3). On pense que ces jets sont émis à partir des régions polaires du quasar, et qu'ils sont guidés par de puissants champs magnétiques corrélés à la rotation du trou noir central.

30

Notre trou noir est
au régime sec

Notre trou noir galactique, je le rappelle, est relativement petit (trois millions de fois la masse solaire) et n'émet, à cette échelle, presque rien. La question est : pourquoi ?

La luminosité indirecte des trous noirs est reliée à la quantité de matière qu'ils dévorent. Ils engloutissent tout ce qui passe à leur proximité, mais encore faut-il qu'ils aient quelque chose à manger !

La présence d'un trou noir colossal au cœur d'une galaxie semble être un phénomène universel. Les deux structures seraient apparues simultanément, sans que nous sachions bien comment cela se passe. On suppose qu'une partie de la matière de la galaxie en formation ne se met pas en orbite circulaire, mais retombe au centre, formant ainsi le trou noir. Cet effondrement provoque l'émission du puissant rayonnement énergétique (le quasar) décrit précédemment.

Mais quand la galaxie achève sa formation, le flux de matière vers le trou noir s'amenuise progressivement. Le monstre, privé de sa nourriture, voit sa luminosité décliner considérablement. Il s'éteindrait si d'autres événements ne venaient occasionnellement le stimuler.

Ce sont les collisions de galaxies qui vont provoquer ses réveils. Attirées par la gravité qui s'exerce entre elles, des galaxies relativement voisines arrivent à remonter le mouvement d'expansion de l'univers et à fusionner : on dit qu'elles entrent en coalescence. Résultat : un nouvel apport de matière alimente les trous noirs et les réactive pour un temps.

La discrétion de notre trou noir s'explique alors tout naturellement : il est présentement au régime sec !

Pour longtemps encore ? Nul ne peut le dire avec certitude. Mais nous savons que la galaxie d'Andromède, une voisine située à trois millions d'années-lumière, fonce sur nous à 40 km/s. À cette vitesse, elle nous atteindra dans environ quatre milliards d'années. Si nous avons vraiment bien compris le processus, elle offrirait alors à notre trou noir une occasion de se manifester énergiquement.

31

Les sursauts gamma

Il y a une trentaine d'années, les militaires américains ont mis en orbite quatre satellites pour repérer et observer les essais nucléaires des autres États. Des détecteurs étaient en mesure de percevoir les rayons gamma associés aux explosions.

Après une dizaine d'années, ces instruments furent remplacés par d'autres, plus performants. À cette occasion, les opérateurs du système donnèrent aux astronomes un renseignement qu'ils avaient été contraints de tenir secret pour ne pas divulguer d'informations sur leurs détecteurs. Les appareils avaient enregistré, en plus des événements terrestres qu'ils avaient mission de rapporter, plusieurs émissions de rayons gamma en provenance du ciel. Ces émissions étaient extrêmement brèves, souvent bien inférieures à une seconde.

Quelle pouvait être l'origine de ces flux de photons nommés « sursauts gamma » ? Des télescopes à rayons gamma furent rapidement mis en orbite par la NASA pour élucider ce mystère.

Difficile à cette époque de déterminer si les sources étaient proches de la Terre, donc libérant relativement peu d'énergie, ou éloignées et, en conséquence, dégageant une énergie beaucoup plus intense. Des dizaines d'hypothèses furent formulées, confrontées aux données et réfutées les unes après les autres. Pendant plusieurs années, les observations s'accumulèrent, devinrent de plus en plus précises, sans pour autant donner d'explication, sauf sur un point important : les sources étaient situées à des distances gigantesques. On en a déduit que l'intensité énergétique des sources devait être extrêmement élevée, comparable à celle des explosions d'étoiles massives à la fin de leur vie (les supernovae).

Pour en savoir plus, il importait d'observer ces sursauts sur d'autres longueurs d'onde, c'est-à-dire de tourner rapidement vers la source détectée, des radiotélescopes, des télescopes optiques et des télescopes à rayons X. On espérait ainsi percevoir les phénomènes qui accompagneraient ces « flashes ».

On réussit maintenant de mieux en mieux ces manœuvres, et les renseignements abondent sur la nature des physiques qui accompagnent ces sursauts. On en reçoit plus d'un par jour.

On admet aujourd'hui que ces sursauts accompagnent la mort explosive d'étoiles extrêmement massives sans que, pour autant, les mécanismes de l'émission gamma soient correctement élucidés. Leur gigantesque puissance en fait des événements du plus grand intérêt pour l'étude de l'univers des premiers temps. Certains se sont produits à une période où l'univers avait moins d'un milliard d'années, alors qu'il en a maintenant 13,7 milliards. On s'attend à ce qu'ils jouent un rôle de plus en plus important dans l'élucidation des phénomènes qui ont donné naissance aux premières étoiles et aux premières galaxies.

32

Les rayons cosmiques

Entre les planètes, entre les étoiles, entre les galaxies circulent en permanence d'énormes flux de particules rapides, à des vitesses voisines de celle de la lumière.

Il y a surtout des électrons et des protons, mais aussi toutes les variétés de noyaux atomiques : carbone, oxygène, fer, jusqu'au thorium et à l'uranium, y compris leurs nombreux isotopes, radioactifs ou non. L'ensemble porte le nom de « rayonnement cosmique », à ne pas confondre avec le « rayonnement cosmologique » de photons émis aux premiers temps de l'univers, et que nous avons antérieurement présenté sous le nom de « rayonnement fossile » (C-8).

Quelle est l'origine du rayonnement cosmique ? Quelles sont les sources de ces particules rapides ? Par quels processus physiques sont-elles accélérées à ces vitesses prodigieuses ? Nos réponses ici sont relativement rudimentaires et insatisfaisantes.

Il s'agit vraisemblablement d'un ensemble d'événements violents, de nature explosive, associés à la vie et à la mort des étoiles. Dans les restes des supernovae (la nébuleuse du Crabe, par exemple), on observe un rayonnement bleu qui témoigne de la présence d'électrons rapides. Les particules éjectées par la violence de l'explosion seraient accélérées par les champs magnétiques en mouvement dans la galaxie.

Les phénomènes brusques qui se produisent à la surface du Soleil (sursauts, protubérances, orages magnétiques, etc.) sont souvent accompagnés d'émissions de faisceaux de particules rapides qui se propagent dans tout le système solaire. Ces éjections pourraient avoir pour cause des mouvements de champs magnétiques dans les masses gazeuses des couches superficielles de notre astre. Elles durent plusieurs heures et présentent des dangers pour les cosmonautes en orbite, ainsi que pour les systèmes de télécommunications.

On pense aussi, sans en avoir la certitude, que les trous noirs massifs qui occupent la position centrale des galaxies sont, indirectement, des sources de rayons cosmiques. Les jets puissants qu'on observe souvent en provenance de ces régions pourraient s'accompagner de mécanismes d'accélération des particules de très hautes énergies.

Certaines particules du rayonnement cosmique, fort rares d'ailleurs, possèdent autant d'énergie qu'une balle de golf lancée par un joueur expert. On n'a, jusqu'ici, aucune hypothèse réaliste quant à leur source ; ce point reste sans réponse depuis plusieurs décennies. Pour les étudier, on met aujourd'hui en chantier des batteries de détecteurs couvrant des centaines de kilomètres carrés dans les pampas argentines. Les résultats devraient commencer à nous parvenir dans les prochaines années. Ils pourraient nous donner des informations fondamentales aussi bien en astrophysique qu'en physique des particules.

33

Tremblements d'étoiles

En analogie avec les tremblements de terre qui secouent souvent notre planète, le Soleil et les étoiles sont sujets à de grandes vibrations qui se propagent dans tout leur volume. D'innombrables ondes sonores, étalées sur une vaste gamme de fréquences, donneraient, si on pouvait les entendre, l'impression qu'elles émergent d'un orgue gigantesque jouant dans le registre plus puissant. Fort heureusement pour nous, l'absence d'air entre le Soleil et la Terre ne leur permet pas d'atteindre nos oreilles : nous en serions dangereusement assourdis…

La source de ces ondes se situe près de la surface de l'étoile, dans les couches supérieures, où la matière stellaire est en intense ébullition. Cette région, appelée « zone convective », est constamment agitée par le passage de la chaleur dégagée du centre de l'étoile vers l'espace interstellaire. Ces ondes se propagent dans tout le volume du Soleil, certaines restant près de la surface, d'autres pénétrant jusqu'au centre. En revenant vers la surface, elles agitent les atomes qui émettent la lumière solaire, en font varier la température et les longueurs d'onde (la couleur). L'intensité lumineuse oscille alors avec des périodes voisines de cinq minutes. Au télescope, on enregistre ces variations de la lumière en différents endroits de la surface solaire.

De même que l'observation des ondes sismiques de la Terre nous permet d'ausculter les zones internes de notre planète, ces oscillations solaires nous donnent de précieux renseignements sur la constitution de notre étoile. En effet, selon les milieux qu'elles traversent, ces ondes ne se propagent pas à la même vitesse. Grâce à l'analyse détaillée des variations de leur intensité, on connaît maintenant avec une grande précision les profils de densité, de température, de pression, de composition chimique et de champ magnétique de notre astre, pratiquement jusqu'en son centre.

On a pu ainsi confirmer les modèles théoriques, précédemment bâtis sur la seule base des observations de la surface solaire, en y associant les lois de la physique.

Une nouvelle science est née, appelée «héliosismologie». Elle a joué un rôle de premier plan dans la résolution d'une question qui se posait déjà, depuis plusieurs décennies, «le mystère des neutrinos solaires». La détection de neutrinos solaires (C-57) montrait, en effet, un déficit important par rapport aux prévisions des théoriciens : il en manquait plus de la moitié. À présent, nous connaissons la cause de ce déficit : il y a trois variétés de neutrinos et les télescopes neutriniques n'en détectaient alors qu'une seule. Aujourd'hui, grâce à l'héliosismologie, la physique solaire et la physique des particules sont réconciliées.

On s'intéresse maintenant aux vibrations d'autres étoiles. La situation est beaucoup plus difficile : on ne peut pas encore observer les détails de leur surface comme on le fait pour le Soleil. Mais les projets progressent rapidement, et on peut espérer avoir bientôt des renseignements sur leur structure interne.

34

Étoiles mortes

Dans la Voie lactée errent environ dix milliards d'étoiles mortes. Une étoile sur dix a terminé sa vie et disperse lentement les dernières chaleurs qui lui restent.

Les étoiles, rappelons-le, sont des sphères gazeuses soumises à leur propre poids. Si elles ne s'effondrent pas sur elles-mêmes, c'est parce qu'elles sont chaudes. La température élevée de leur cœur engendre une pression thermique qui s'oppose à l'effondrement. Les gaz chauds émettent de la lumière qui parvient à leur surface et s'échappe dans l'espace : elles brillent.

La lumière émise représente, pour l'astre, une perte d'énergie. Les étoiles sont des réacteurs nucléaires qui combinent les noyaux de leurs atomes légers et les transforment en noyaux plus lourds. Avec le temps, les réserves d'énergie que représentent ces atomes s'épuisent et l'étoile atteint la fin de sa vie active. Elle ne produit plus de chaleur et n'est donc plus en mesure de soutenir son propre poids. Elle s'effondre sur elle-même.

Cet effondrement ne se poursuit pas indéfiniment. Il est arrêté à un certain volume. Le Soleil, par exemple, verra son rayon passer d'un million de kilomètres (aujourd'hui) à environ mille kilomètres (dans cinq milliards d'années). Il ne sera alors pas plus gros que la Lune.

Qu'est-ce qui empêche la contraction de se poursuivre ? C'est la physique quantique qui nous l'a appris. Il existe un « principe d'exclusion », découvert par Wolfgang Pauli, qui dit à peu près ceci : deux électrons de même vitesse ne peuvent pas se trouver au même endroit en même temps. Plus exactement, ils ne peuvent pas s'approcher en deçà d'une certaine distance. Cet effet d'exclusion engendre, dans l'étoile, ce que l'on appelle une « pression quantique », qui joue le même rôle que la pression thermique auparavant. La contraction s'arrête et le volume se stabilise.

L'étoile est devenue une « naine blanche » de quelques milliers de kilomètres de diamètre. Nous en avons plusieurs à proximité de notre Soleil, la plus connue étant la compagne de Sirius, à huit années-lumière.

Tel est le sort prévu pour les petites étoiles comme le Soleil. Pour les grosses, c'est différent. Le principe d'exclusion s'applique aussi aux protons et aux neutrons, mais, à cause de leurs grandes masses, la distance minimale d'exclusion est environ deux mille fois plus faible que pour les électrons. L'effondrement de ces étoiles, à leur mort, se poursuit jusqu'à une nouvelle limite. On a alors une « étoile à neutrons » de quelques dizaines de kilomètres de diamètre.

Pour les étoiles vraiment très massives, de plus de dix fois la masse du Soleil, aucune pression, même quantique, n'est en mesure d'arrêter la contraction. L'étoile devient un trou noir (C-28).

« Naines blanches », « étoiles à neutrons », « trous noirs » sont les noms des cadavres stellaires qui hantent les profondeurs des galaxies.

35

Les pulsars

En 1967, une jeune astronome anglaise, Jocelyn Bell, détecte des signaux bizarres dans une région du ciel. Au lieu de la « friture » habituelle, elle reçoit une séquence très régulière de bips, trente par seconde. Cela ressemble à du morse ultrarapide, ou à de la TSF. S'agirait-il d'un message codé en provenance d'une source céleste ? Une manifestation d'extra-terrestres depuis si longtemps attendue !

La séquence se poursuit, monotone : *bip bip*, avec l'extraordinaire régularité d'un métronome céleste. Les petits hommes verts manqueraient-ils de vocabulaire ? L'hypothèse d'une émission par des extra-terrestres ne tient plus… il faut chercher ailleurs. On ouvre les vannes de l'imagination : pourrait-il s'agir d'une étoile qui s'allumerait et s'éteindrait trente fois par seconde ? On connaît déjà des étoiles, dites variables, dont l'éclat change rapidement, qui faiblissent et s'intensifient régulièrement, mais jamais à un tel rythme et surtout pas avec cette stupéfiante régularité.

Étudiant, à cette époque, à l'université Cornell, aux États-Unis, je me souviens du moment où l'un de nos enseignants, Thomas Gold, nous avait présenté son hypothèse sur la nature de ces étranges étoiles :

« Qu'est-ce qui apparaît et disparaît à nos yeux la nuit avec une parfaite régularité, et pourtant ne s'éteint jamais ?

– La lumière d'un phare ! »

Tournant sur elle-même, la source lumineuse balaie le ciel et ses rayons rencontrent notre regard avec une parfaite régularité. « Imaginons, disait Gold, une étoile qui n'émettrait de la lumière qu'à partir de régions bien délimitées de sa surface (contrairement au Soleil, par exemple, dont toute la surface est lumineuse). Supposons que cette étoile tourne sur elle-même à grande vitesse. Elle serait comme un phare céleste et semblerait, à nos yeux, s'allumer, "bip", chaque fois que sa lumière rencontrerait les radio-télescopes ! »

L'idée fut acceptée avec enthousiasme…

Aujourd'hui, nous avons répertorié une centaine de ces astres intermittents que nous appelons des « pulsars ». Certains pulsent près de mille fois par seconde.

Un pulsars est une étoile de très petite dimension, quelques kilomètres de diamètre à peine, appelée « étoile à neutrons ». Il s'agit du résidu stellaire qui apparaît après la mort explosive d'une étoile (supernova). Alors que ses couches supérieures sont projetées avec violence dans l'espace, son noyau central se contracte et se met à tourner à grande vitesse. Pour des raisons que nous connaissons mal, seules les régions de ses pôles magnétiques émettent encore de la lumière. D'où la configuration de phare (à condition toutefois que, comme pour notre planète, ses pôles magnétiques ne coïncident pas avec l'axe de rotation).

Pour la petite histoire, rappelons que, pour cette découverte, le prix Nobel fut attribué non pas à Jocelyn Bell mais à son patron, provoquant un mini-scandale dont on parle encore dans la communauté scientifique.

Figure 1 : Cette image appelée souvent « champ profond » nous présente notre univers dans sa plus vaste dimension. Une mer parsemée de galaxies à perte de vue.
Elle a été prise par le télescope Hubble en orbite au-dessus de notre planète.
© NASA/ESA/S. Beckwith and the HUDF Team and B. Mobasher.

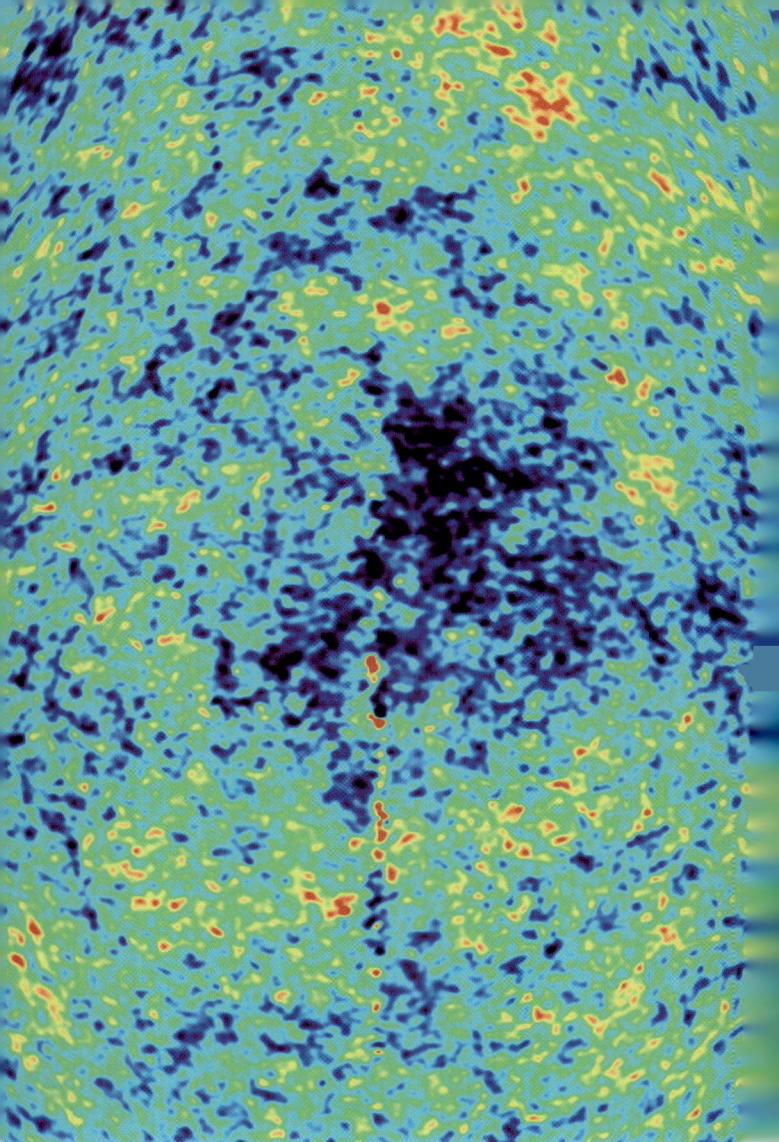

Figure 2 : Image de notre univers quand il avait environ quatre cent mille ans. Le fourmillement coloré de taches bleues et rouges représente les variations de température et de densité au moment de la germination des premières galaxies.
© NASA/WMAP Science Team.

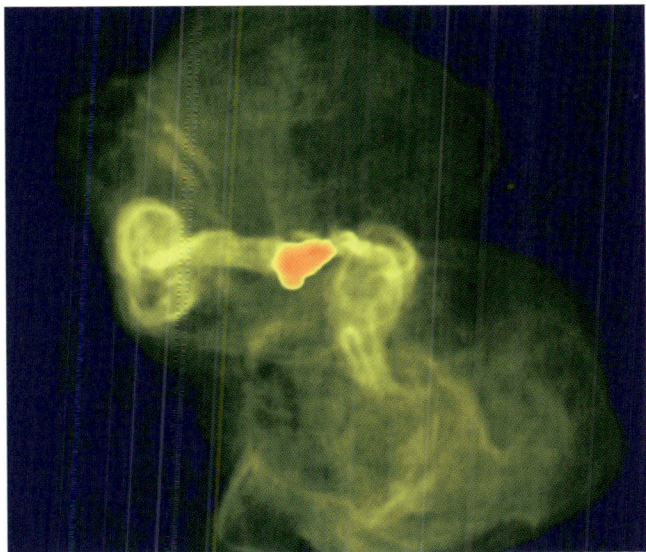

Figure 3 : Puissants jets torsadés émis par l'activité de noyaux de galaxies.
© Image courtesy of NRAO/AUI and F.N. Owen, J.A. Eilek and N.E. Kassim.

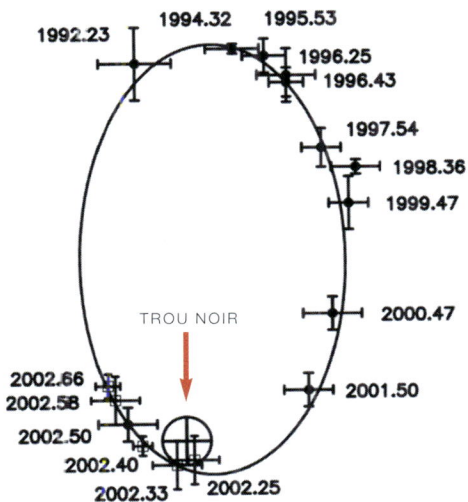

Figure 4 : Mouvements d'une étoile en orbite autour du trou noir situé au centre
de notre galaxie. Les croix indiquent sa position au cours des années. © ESO.

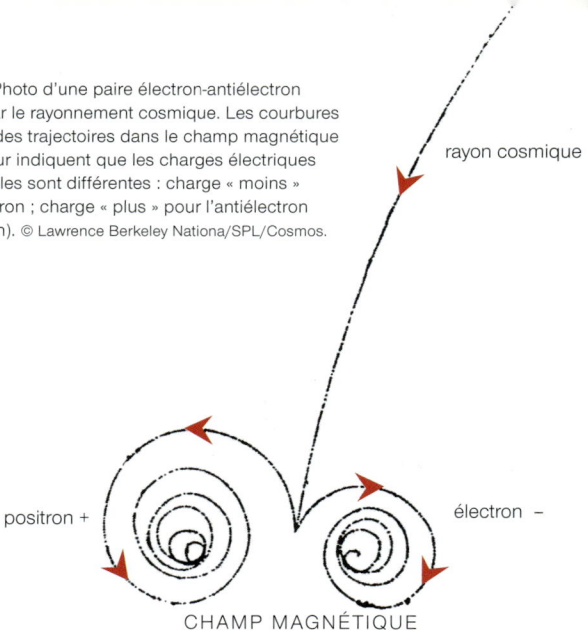

Figure 5 : Photo d'une paire électron-antiélectron produite par le rayonnement cosmique. Les courbures opposées des trajectoires dans le champ magnétique du détecteur indiquent que les charges électriques des particules sont différentes : charge « moins » pour l'électron ; charge « plus » pour l'antiélectron (ou positron). © Lawrence Berkeley Nationa/SPL/Cosmos.

rayon cosmique

positron +   électron –

CHAMP MAGNÉTIQUE

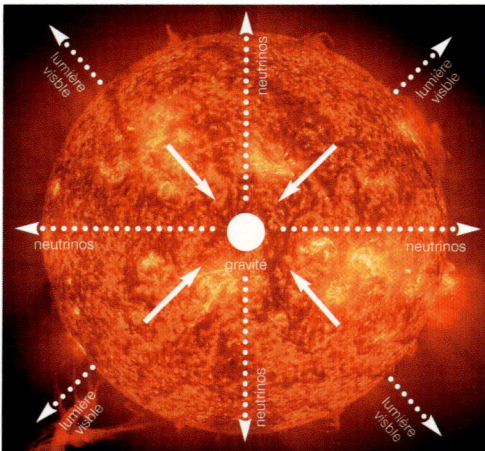

Figure 6 : Illustration de l'effet des quatre forces de la nature sur le Soleil. Sa forme sphérique lui vient de la force de gravité. Son éclat provient de la transformation de sa masse en énergie par la force nucléaire forte. Cet éclat se manifeste par l'émission de lumière visible à sa surface (force électromagnétique) et de neutrinos en son cœur (force nucléaire faible). © SOHO/ESA/NASA/SPL/Cosmos.

36

Les exoplanètes

Le Soleil n'est pas la seule étoile à avoir des planètes en orbite autour d'elle, à posséder un système planétaire. Cela, on le soupçonnait depuis plusieurs siècles, sans toutefois en avoir de preuves. Depuis une dizaine d'années, c'est chose faite. On a détecté des planètes autour de près de deux cents étoiles voisines du Soleil. La recherche se poursuit fébrilement autour d'autres astres. Mais il semble maintenant acquis que le phénomène « système planétaire » soit largement présent dans l'univers.

Pourtant, de grandes surprises nous étaient réservées. La configuration de ces systèmes planétaires à laquelle on s'attendait, inspirée de notre système solaire, n'a, jusqu'ici, été trouvée nulle part. Alors que, dans le nôtre, les planètes géantes se situent loin du Soleil et, dans des régions qu'il chauffe peu, les configurations de ces systèmes lointains sont tout à fait différentes : des planètes géantes gravitent à proximité de leur étoile là où, chez nous, on ne trouve que des petites planètes comme Mercure et Vénus ! De surcroît, toujours par rapport au nôtre, ces systèmes paraissent très irréguliers. Loin d'être circulaires comme les orbites de nos planètes, ces exo-planètes (c'est le nom qu'on leur donne) décrivent des parcours hautement elliptiques, qui les amènent successivement très près, puis très loin de l'astre central.

La question se pose aujourd'hui de savoir si ces caractéristiques sont communes aux systèmes planétaires de notre galaxie et si le nôtre, tellement régulier, constitue une exception, ou si c'est l'inverse. En effet, pour des raisons d'ordre technique, il est plus facile de débusquer la présence de grosses planètes, proches de leur étoile centrale, que de petites, plus éloignées. On a observé, au départ de cette recherche, des corps comparables à nos planètes géantes (Jupiter, Saturne), des centaines de fois plus massives que la Terre. La recherche d'objets de plus petite taille se poursuit grâce à l'amélioration de la sensibilité des détecteurs. On a récemment repéré des planètes à peine dix fois plus grosses que la nôtre. Il paraît vraisemblable que, d'ici à quelques années, on aura observé de telles planètes «terrestres».

On admet généralement (mais peut-être à tort!) que la vie telle que nous la connaissons ne pourrait se développer que sur des planètes d'une taille comparable ou plus petite à celle de la Terre. Mais comment pourrons-nous savoir si la vie est apparue sur de tels corps célestes quand nous les aurons dans notre champ d'observation? Réponse: en analysant la lumière que nous en recevrons.

Observée à distance, l'analyse de la lumière émise par nos planètes solaires offre des indices caractéristiques. La Terre est en effet la seule à montrer dans son spectre lumineux la présence de molécules d'oxygène et d'ozone. C'est la vie terrestre qui maintient ces molécules dans notre atmosphère. Si on les observe ailleurs, on aura de bonnes raisons de penser que la vie y existe.

3

HISTORIQUE

37

L'Année Einstein

L'année 2005 a été baptisée « Année Einstein ». Elle commémore en fait le centenaire de la théorie de la relativité dans sa première version appelée « relativité restreinte ». C'est en effet en 1905 qu'Albert Einstein l'a publiée. La théorie de la « relativité générale » le sera douze ans plus tard.

Pour expliquer l'origine de cette théorie, je ferai appel à des notions familières aux passagers des avions et surtout à leurs pilotes : « vitesse par rapport au sol », « vitesse par rapport à l'air ». La vitesse du vent mesurée par les instruments de l'avion est plus élevée si celui-ci fonce contre le vent, et moins élevée s'il a le vent « dans le dos ». C'est que la vitesse du vent s'additionne à celle de l'avion dans le premier cas, et qu'elle s'en soustrait dans le second. (Je précise qu'il s'agit ici de la vitesse de l'avion par rapport à l'air.)

Si le vent atteint des dizaines ou des centaines de kilomètres à l'heure, la lumière, elle, file à 300 000 km/s. Cette vitesse a été mesurée pour la première fois par Olaus Römer à l'Observatoire de Paris au XVIIe siècle. En analogie avec l'avion qui vole contre le vent, on se posait au XIXe siècle la question de savoir si la vitesse de la lumière était affectée par le mouvement de l'observateur. Est-ce qu'elle paraîtrait aller plus vite quand on va dans le même sens que la lumière ou plus lentement lorsqu'on va en sens inverse ?

On a tenté de répondre à la question en observant une même étoile deux fois, à six mois d'intervalle (par exemple, d'abord au mois de juin puis au mois de décembre). Pourquoi ? Rappelons que la Terre se déplace dans l'espace sur une orbite elliptique autour du Soleil, à 30 km/s. Si son mouvement est dirigé dans la direction de l'étoile à un moment donné, six mois plus tard, il sera dans la direction opposée. On s'attendait donc à voir une différence de vitesse de 30 km/s en plus la première fois, et de 30 km/s en moins la deuxième fois. Soit une différence totale de 60 km/s.

On mesure. Résultat : zéro ! Aucune différence dans la vitesse de la lumière quel que soit le moment de l'année où l'on effectue l'évaluation.

Ce résultat paradoxal est resté inexpliqué pendant quelques années. On a mis en cause la méthode d'observation, la crédibilité des résultats. Rien n'y fit. Le mystère restait entier.

Cette observation a joué un rôle majeur dans l'élaboration de la théorie d'Einstein. Il s'est dit : « Quel message la nature nous envoie-t-elle là ? Lesquels de nos préjugés, que nous érigeons trop facilement en certitudes, faut-il remettre en question ? »

La réflexion a porté ses fruits : c'est en réexaminant les notions les plus fondamentales sur la nature même du temps et de l'espace qu'il a pu résoudre le problème. Mais comment ?

38

L'espace-temps

Rappelons que la vitesse de la lumière – c'est un fait avéré – est la même pour tous les observateurs, quelle que soit leur mouvement par rapport à la source de cette lumière. C'est en acceptant ce résultat comme une donnée fondamentale de la nature qu'Einstein a construit la théorie de la relativité restreinte en 1905.

Pour y parvenir, il a remis en question les notions de temps et d'espace que la communauté scientifique admettait comme évidentes depuis trois cents ans, en fait depuis Galilée.

Quelles étaient ces notions incontestées ? D'abord que le temps est le même pour tout le monde. Plus exactement, que le taux de passage du temps, le rythme d'arrivée du futur dans le présent, est le même quelles que soient les conditions physiques dans lesquelles se trouve l'observateur (le chrono-métreur) au moment où il effectue ses mesures. Une sorte d'absolu identique pour tous.

L'espace bénéficiait d'un statut analogue : autre absolu. En pratique, tous les géomètres, avec les mêmes appareils de précision, devaient mesurer simultanément les mêmes longueurs.

Considérons, pour illustrer la situation, le contexte d'une pièce de théâtre. Il y a d'abord la scène où l'action se passe, un volume de x mètres cubes : c'est l'espace du théâtre. Il y a aussi la durée de la pièce, disons deux heures : c'est le temps du théâtre. Pendant la pièce, des acteurs se déplacent sur scène et disent leur texte à un moment exactement prévu dans le scénario.

L'univers d'avant Einstein est un grand théâtre dans lequel des événements se passent quelque part à un moment donné. Comme au théâtre, le temps et l'espace sont des entités apparemment indépendantes.

Einstein découvre qu'on ne peut pas comprendre la constance de la vitesse de la lumière si l'on maintient ce point de vue. Il faut abandonner quelque chose. Il montre que si l'on accepte que ces entités de temps et d'espace soient intimement et inextricablement reliées, alors tout devient clair.

Mais il faudra admettre alors que le temps ne passe pas à la même vitesse pour tout le monde. Admettre que le rythme d'écoulement du temps sur le rivage paraisse plus lent pour un navigateur en mouvement que pour un observateur au repos. Plus tard, Einstein montrera que le temps passe plus lentement au fond des vallées qu'au sommet des montagnes (on y est plus près du centre de la Terre et, en conséquence, l'attraction de la Terre y est plus forte). Les différences sont extrêmement minimes (quelques milliardièmes de seconde par année), totalement indécelables par nos sens, mais parfaitement mesurables grâce aux instruments de précision de la technique contemporaine. Elles ont été mesurées plusieurs fois et les résultats confirment toujours parfaitement les prévisions de la théorie d'Einstein…

Plusieurs auteurs se sont opposés à cette théorie au nom du bon sens. Mais le bon sens doit s'incliner devant les faits. Accepter la réalité telle qu'elle est, en science (et ailleurs…), c'est le début de la sagesse.

39

$$E = mc^2$$

C'est en modifiant sérieusement les notions d'espace et de temps qu'Einstein a pu, en 1905, comprendre pourquoi les mesures de la vitesse de la lumière donnent toujours la même valeur, quelle que soit la vitesse de celui qui opère. Des mathématiques qu'il a utilisées pour intégrer ces nouvelles notions a surgi une formule devenue universellement célèbre : $E = mc^2$.

Mais que dit exactement cette formule ? D'abord, que la masse est une forme d'énergie. On connaissait déjà l'énergie thermique (la chaleur), l'énergie cinétique (celle qui est associée au mouvement des corps), l'énergie chimique, etc. À cette liste, Einstein en ajoute une autre : la masse elle-même.

Les énergies peuvent se transformer les unes dans les autres :

– la chaleur peut produire du mouvement (dans le moteur d'une voiture) ;

– l'énergie chimique peut produire de la chaleur (notre nourriture nous tient chaud).

Einstein ajoute une autre possibilité : la masse peut se transformer en chaleur. C'est exactement ce qui se passe à l'intérieur du Soleil comme à l'intérieur de toutes les étoiles de l'univers. À chaque seconde, le Soleil perd quatre cents millions de tonnes de sa masse (l'équivalent d'une colline terrestre) qui devient de la lumière (énergie lumineuse). Sa masse diminue d'autant. Mais comme, heureusement, elle est très grande, le Soleil peut ainsi perdurer, et cela encore des milliards d'années...

Dans le cas du Soleil, la masse devient énergie lumineuse. Inversement, de l'énergie lumineuse peut devenir masse : en laboratoire, on engendre des particules massives, des électrons, par exemple, à partir de l'énergie lumineuse. Les transformations se font aussi bien dans un sens que dans l'autre.

Mais revenons à notre équation $E = mc^2$. C'est en quelque sorte un bilan comptable. Comme un cours des devises dans la vitrine des agents de change. Elle dit combien d'énergie (lumineuse, thermique, cinétique) on obtient en échange d'un gramme de masse. Reprenons l'exemple du Soleil : c'est avec cette formule qu'on calcule que la lumière émise chaque seconde par le Soleil équivaut à la perte de quatre cents millions de tonnes de sa propre masse.

Cette formule a joué un rôle fondamental dans l'élaboration de la physique nucléaire. Elle permet de dresser des bilans corrects des phénomènes étudiés dans les accélérateurs de particules. Mais elle ne se limite pas à la physique nucléaire. Elle s'applique également dans un grand nombre de situations de la vie courante. Ainsi, une comptabilité correcte et complète de ce qui se passe dans un feu de bois montrerait qu'elle décrit fort bien, par exemple, la transformation de la matière ligneuse en chaleur, en lumière et en fumée. Ajoutons cependant que, dans ce cas, la fraction de masse perdue est infime.

Cette équation fait partie de la moisson de résultats fondamentaux obtenus par Einstein quand il a cherché à comprendre pourquoi la vitesse de la lumière est la même pour tous les observateurs.

40

La vitesse de la lumière

«Rien ne peut aller plus vite que la lumière.» Voilà un propos souvent répété et même érigé en principe. Mais il faut être très prudent avec les principes et ne pas les sortir de leur contexte d'origine.

L'idée de la vitesse de la lumière comme une limite infranchissable est une des conséquences de la théorie de la relativité d'Einstein. Cette théorie montre que plus un corps va vite, plus sa masse augmente, et plus il faut d'énergie pour accroître sa vitesse.

Un phénomène semblable s'applique à la consommation d'essence des voitures; plus on roule vite, plus il faut d'énergie et plus la consommation augmente. Pourtant, attention: cela n'a rien à voir avec la relativité, seulement avec la technologie automobile.

Revenons à la théorie d'Einstein. Quand la vitesse d'un corps approche de celle de la lumière, l'énergie requise pour l'accélérer davantage devient gigantesque. À la vitesse de la lumière, elle deviendrait infinie. Or évidemment aucune source d'énergie ne pourrait suffire. Seule la lumière atteint cette vitesse, tout simplement parce que ses particules ont une masse nulle… En fait, la lumière ne peut qu'aller à cette vitesse limite de 300 000 km/s.

Dans plusieurs contextes, l'idée de vitesse de la lumière comme vitesse limite n'est pas applicable. Un exemple très simple : la vitesse de l'ombre d'un objet en mouvement. Si l'écran qui reçoit cette ombre est assez loin de l'objet, celle-ci peut atteindre une vitesse bien supérieure à celle de la lumière. Mais cette ombre ne transporte aucune information. C'est à ce titre qu'elle ne viole pas le principe de la vitesse limite, lequel ne s'applique pas dans ce cas.

Nous avons abordé le sujet des vitesses des galaxies (C-7). Les observations astronomiques montrent que plus les galaxies sont éloignées, plus elles s'éloignent rapidement. Au-delà d'une certaine distance – quelques dizaines de milliards d'années-lumière –, elles atteignent la vitesse de la lumière. Au-delà, elles vont encore plus vite, de sorte qu'elles nous sont invisibles.

La théorie de la relativité est-elle prise en défaut ? Non. Les mouvements des galaxies ne sont pas des mouvements au sens ordinaire du mot. Elles ne se déplacent pas *dans* l'espace, comme la Terre autour du Soleil, elles se déplacent *avec* l'espace. C'est l'espace lui-même qui est en expansion et les galaxies sont entraînées dans cet espace (C-5). Ainsi les galaxies peuvent se déplacer les unes par rapport aux autres à des vitesses relatives bien supérieures à celle de la lumière sans violer la théorie de la relativité.

Plus exotique encore, la théorie de la relativité admet la possibilité d'existence de particules très singulières dont la vitesse de la lumière serait une limite inférieure. Ces particules appelées *tachyons* (le mot grec pour « vite ») ne pourraient se déplacer qu'à des vitesses plus grandes que celle de la lumière.

On n'en a jamais observé. On ne sait pas si elles existent vraiment. Il n'est pas impossible qu'un jour elles soient détectées en laboratoire. Pourtant, l'idée même de leur existence pose des problèmes assez troublants. Cela supposerait implicitement que l'on puisse reculer dans le temps, revenir en arrière, remonter dans le passé. Beau sujet de science-fiction…

Conclusion : les principes de la physique ne doivent pas être extrapolés d'autorité au-delà de leur domaine d'application. Sinon, gare aux confusions !

41

La possibilité d'une théorie
de l'univers

L'histoire de la théorie de la relativité d'Einstein comporte deux épisodes bien différents, publiés l'un en 1905, l'autre en 1917. Les chroniques précédentes ne concernaient que le premier, celui de la relativité restreinte. Essentiellement parce que cette théorie s'intéresse aux mouvements des corps dans une région où les champs de gravité sont très faibles. Bien sûr, nous vivons dans un champ de gravité provoqué par la présence de la Terre sous nos pieds, mais, à l'échelle cosmique, ce champ est si faible qu'on ne peut l'ignorer. Il n'en est pas de même près de certains astres, des étoiles à neutrons ou des trous noirs, où la gravité joue un rôle prédominant (C-27). Dans ces contextes si différents de celui que nous vivons sur Terre, la théorie de la « relativité générale » – dont nous allons parler maintenant – s'applique admirablement.

Mais avant d'aller plus loin, revenons à la première théorie de la gravité : celle de Newton au XVIIe siècle qui a si bien réussi à rendre compte du mouvement des planètes autour du Soleil. Cette théorie de Newton est adéquate quand on l'applique aux mouvements des corps dont la vitesse est bien inférieure à celle de la lumière. Exemple : le mouvement de la Terre autour du Soleil. Sa vitesse de 30 km/s est à comparer aux 300 000 km/s de la lumière : elle est dix mille fois inférieure.

Mais la théorie de Newton est complètement inapte à décrire les mouvements des électrons à des vitesses voisines de celle de la lumière dans un accélérateur. Il faut alors impérativement utiliser la « relativité générale ». Déjà, quand on étudie le mouvement de la planète Mercure autour du Soleil (40 km/s), la théorie de Newton commence à montrer ses insuffisances. L'explication correcte de l'orbite de Mercure fut l'une des premières victoires de la « relativité générale ».

Profitons-en pour prendre en considération une remarque importante : les progrès de la physique ne consistent généralement pas en une négation simple des théories préexistantes. On ne peut pas dire, dans le cas de Mercure : « Newton avait tort et Einstein a raison. » Il s'agit plutôt d'une extension du champ d'application d'une théorie physique. On peut comprendre plus de choses avec Einstein qu'avec Newton. Ainsi la théorie de Newton reste parfaitement valable et utilisable pour les mouvements de faible vitesse par rapport à celle de la lumière, mais, quand on veut étudier les mouvements à grande vitesse, il faut la compléter par celle d'Einstein.

En abordant la relativité générale, nous allons à nouveau nous trouver dans une situation similaire. La « relativité générale » est en fait une extension de la «relativité restreinte». Cette extension est rendue nécessaire quand on considère les mouvements des objets plongés dans une région où les champs de gravité sont considérables. Un de ses avantages pour l'astronome, c'est qu'elle permet d'étudier non seulement les comportements d'astres particuliers, mais aussi celui de l'univers entier, c'est-à-dire de l'ensemble des galaxies qui sont soumises à la gravité qu'elles exercent les unes sur les autres (C-18). Cette théorie est le socle sur lequel repose la théorie du Big Bang…

42

La tour de Pise

L'art du bon chercheur est, d'abord et avant tout, de choisir les bonnes questions. Einstein y était passé maître. Rappelons que la « relativité restreinte » est basée sur l'acceptation du fait que la vitesse de la lumière est la même pour tous les observateurs, quel que soit leur mouvement propre. Einstein s'était demandé lesquelles de nos idées, admises comme évidentes, il fallait remettre en cause pour que ce fait apparemment insolite (la vitesse de la lumière est la même pour tout observateur) devienne une évidence incontournable.

Il y est arrivé en remettant en question le caractère absolu des notions habituelles du temps et de l'espace. Il y a introduit une notion de relativité. D'où le nom de la théorie. En fait, il a introduit un nouvel « absolu » : l'espace-temps. En ce sens, on peut regretter le nom de « relativité » donné à cette théorie. Il est faux de dire que, d'après Einstein, « tout est relatif » !

La « relativité générale » résulte d'une démarche tout à fait analogue : une réflexion sur l'expérience de Galilée au sommet de la tour de Pise. On raconte qu'ayant laissé tomber ensemble des boules de métal de masses différentes, il aurait noté qu'elles arrivaient au sol exactement au même instant. Mais en quoi cette simultanéité était-elle étonnante ? Pourquoi surprenait-elle et posait-elle question ?

C'est qu'a priori on pourrait penser que les boules les plus lourdes arriveraient les premières. La force de gravité entre les corps étant à la mesure de leur masse, on imaginerait volontiers que les boules plus lourdes chuteraient plus rapidement que les autres.

Mais, par ailleurs, on sait que plus les corps sont massifs, plus il est difficile de les mettre en mouvement. Exemple : les bicyclettes démarrent plus vite que les trains ! Cette propriété des corps s'appelle l'« inertie », un mot qui décrit leur aptitude (ou inaptitude) à se mettre en mouvement.

L'expérience de Galilée montre que l'inertie des grosses boules compense exactement l'accroissement de la gravité qu'entraîne leur masse. De sorte que toutes les boules, petites ou grosses, arrivent en même temps. (En faisant, bien sûr, abstraction de la résistance de l'air.) Einstein pressent que ce fait, d'apparence anodine, cache une réalité beaucoup plus profonde. Il se demande quel rapport il peut y avoir entre les propriétés d'une boule particulière (sa masse, son inertie) et le phénomène de la gravité universelle.

La réponse bouleverse la physique tout entière. Elle remet en question la notion même de force de gravité au sens habituel de cette expression.

Pour faire simple, voici ce que dit la théorie de la relativité générale : la masse des objets modifie la géométrie de l'espace autour d'eux. Cette déformation se manifeste sous la forme d'une courbure locale de l'espace. Cette courbure influence les mouvements des corps existant dans cet espace. Un exemple : la courbure de l'espace provoquée par la masse de la Terre contraint la Lune (et tous les satellites artificiels) à tourner autour de notre planète plutôt qu'à fuir vers les espaces lointains. Cette courbure est la chaîne qui les retient prisonniers. En fait, on peut exprimer la situation de la façon suivante : la Lune se déplace sur des rails immatériels, courbés par le champ de gravité terrestre, qui la ramènent sans fin sur la même orbite.

Ainsi en est-il de la Terre et des planètes autour du Soleil. Ainsi en est-il aussi de toutes les étoiles qui gravitent autour du centre de notre galaxie et du trou noir qu'elle héberge.

Rappelons, pour faire un lien avec la cosmologie, la question de la courbure globale de l'espace cosmique (C-13). L'analyse du rayonnement fossile a montré qu'à l'échelle de l'univers observable l'espace cosmique n'a pas de courbure.

43

L'éclipse de Soleil de 1919

Au XVIIe siècle, pour expliquer le mouvement des planètes autour du Soleil, Newton a introduit la notion d'une «force à distance». Le Soleil attire la Terre située à cent cinquante millions de kilomètres de lui. Cette notion avait été assez mal reçue par les scientifiques de l'époque qui lui préféraient la notion de «force par contact», chère à Descartes. Avec Einstein, la notion même de force disparaît. C'est celle de la déformation de la géométrie de l'espace par la présence de corps massifs qui la remplace. La courbure de l'espace autour du Soleil suffit à imposer à la Terre son mouvement orbital annuel.

S'agit-il d'un simple jeu de l'esprit? N'a-t-on pas inutilement compliqué la situation en remplaçant le concept de force par celui de déformation de la géométrie de l'espace? Ce qui compte, c'est l'efficacité de la théorie. Celle de Newton ne peut pas expliquer le comportement de l'orbite de Mercure, celle d'Einstein le peut. Cette notion d'efficacité est fondamentale en science: on remplace une théorie par une autre si celle-ci rend compte de plus de phénomènes physiques que la première. À cette condition, on adopte un formalisme nouveau, même s'il est plus compliqué que le premier.

Retournons maintenant à la tour de Pise où Galilée observe le mouvement des boules métalliques de diverses masses qu'il a laissées tomber. En quoi la nouvelle conception d'Einstein explique-t-elle la simultanéité de leur arrivée au sol? La réponse est simple : si le mouvement des corps n'est pas relié à leurs propriétés individuelles mais à la géométrie de l'espace, on peut comprendre que toutes les boules qui se meuvent dans cet espace se comportent de la même façon quelle que soit leur masse respective.

Cette théorie d'Einstein a connu un grand succès de popularité en 1919, lors d'une éclipse de Soleil. Le mouvement de la lumière elle-même est soumis à la courbure de l'espace imposée par les corps massifs. À partir de cette idée, Einstein avait prévu qu'au moment où le Soleil allait disparaître derrière le disque de la Lune on pourrait, dans le ciel obscurci, voir des étoiles situées derrière le disque du Soleil. En effet, la lumière de ces étoiles allait être déviée par la masse du Soleil lors de son passage auprès de lui et ainsi être obligée à le contourner et à nous parvenir.

Les observations de l'éclipse par l'astronome anglais Eddington allaient confirmer cette prédiction. Ce succès, annoncé dans les journaux du globe, donna à Einstein une célébrité mondiale. On dit qu'en apprenant la bonne nouvelle de la confirmation de sa théorie il n'en fut nullement surpris.

On a ici un bel exemple du processus scientifique mis en œuvre dans toute recherche. Une théorie nouvelle, ici la relativité générale, est confrontée à l'épreuve des faits. Les prédictions de la théorie sont confirmées par l'observation. Par la suite, elle a remporté bien d'autres succès qui l'ont hautement crédibilisée aux yeux des scientifiques.

44

La réalité n'est jamais
ni aussi compliquée
ni aussi simple qu'on croit…

La carrière d'Albert Einstein comprend deux périodes bien distinctes : l'une extrêmement fructueuse, l'autre pratiquement stérile.

La première va du début du XXe siècle jusqu'à 1925 environ. Il élabore les deux grandes théories de la relativité qui vont bouleverser toute la physique et servir de fondement à la cosmologie dans le cadre du Big Bang. Il énonce une explication de l'effet photo-électrique, qui va jouer un rôle important dans le développement de la physique quantique (C-20). Il donne une interprétation du mouvement dit brownien des particules dans un fluide, qui va confirmer la théorie de la constitution atomique de la matière.

Par la suite, pendant les trente dernières années de sa vie, il poursuivra un rêve qui s'avérera irréaliste : construire à partir des connaissances de l'époque une théorie « ultime » de la matière, écrire une équation unificatrice de tous les comportements physiques.

Comment peut-on comprendre ce changement ? Il est relié, je pense, à un aspect fondamental de la personnalité d'Einstein. Sa confiance illimitée en sa façon de voir le monde. Il est profondément convaincu de la toute-puissance de la rationalité. Pour lui, fidèle à la tradition philosophique installée depuis deux millénaires par Pythagore, Platon, et plus expressément énoncée par Galilée, le monde est totalement compréhensible en termes de concepts, d'idées claires et de mathématiques. Le principe de causalité règne en maître : une cause provoque un effet, un effet est provoqué par une cause. Le hasard n'est qu'un alibi de notre ignorance. Comme Simon de Laplace, il croit que l'avenir est complètement déterminé. De plus, il est convaincu de la « réalité du monde » au sens le plus ordinaire du terme. Le monde existe objectivement, en dehors de nos perceptions.

Ces convictions vont exercer sur lui une profonde influence. Elles vont lui insuffler un dynamisme mental extraordinaire qui va lui permettre de poursuivre les élaborations ardues de son projet jusqu'à leur achèvement : modifier notre vision du temps, de l'espace, de l'énergie et de tous les mouvements provoqués par la force de gravité.

La théorie de la relativité explique d'une façon simple le comportement de la matière soumise à la gravité. Les anomalies de l'orbite de Mercure, les déviations de la lumière et l'existence des trous noirs peuvent se dériver à partir d'une équation fondamentale qui relie la courbure de l'espace à la matière et à l'énergie qu'il héberge. Les mathématiques sont complexes, mais l'idée qui les sous-tend est lumineusement simple. Pourtant, ses efforts pour incorporer la physique quantique à sa vision du monde se sont soldés par un échec.

Paraphrasant Guy de Maupassant à propos de la vie, on pourrait dire « la réalité n'est jamais ni aussi compliquée ni aussi simple qu'on croit ».

45

« Albert, cessez de dire à Dieu comment il doit se comporter ! »

Nous poursuivons notre regard sur la carrière d'Einstein. Rappelons qu'après ses premières décennies glorieuses où il révolutionne la physique, jusqu'en 1925 environ, sa production scientifique s'amenuise progressivement jusqu'à la stérilité des dernières années.

La théorie de la relativité avait effectivement mis en évidence l'existence d'une grande simplicité dans des domaines que l'on croyait extrêmement compliqués. C'est l'arrivée de la physique quantique, vers les années 1920-1930, qui a changé la donne pour Einstein. Grâce à Bohr, Schrödinger, Heisenberg et bien d'autres, le comportement des atomes, des molécules et de la lumière dans cette théorie trouve des explications hautement satisfaisantes. L'accord entre les prédictions de la physique quantique et les résultats en laboratoire est époustouflant. Einstein en est bien conscient. Mais la théorie le laisse hautement insatisfait. D'abord, elle incorpore une certaine dose d'aléatoire. Le hasard pointe son nez. Il ne paraît plus être un simple alibi de notre ignorance. Il est profondément incrusté dans le comportement de la matière.

Einstein, fidèle à la vision déterministe qui l'a porté si loin dans son exploration du cosmos, persiste à penser que la théorie quantique est transitoire. Qu'en creusant plus profond on finira bien par se débarrasser du hasard quantique.

Il y travaille pendant trente ans. En vain. Il dira à Niels Bohr : « Je ne peux pas croire que Dieu joue aux dés. » Et Bohr lui répondra gentiment « Albert, cessez de dire à Dieu comment il doit se comporter ! »

La physique quantique remet en cause la valeur d'une autre de ses convictions : la réalité objective du cosmos. La méthode utilisée pour observer la nature influence les résultats obtenus. Force nous est d'admettre que l'idée d'un monde extérieur à nous, indépendant de notre mode d'exploration, n'est pas compatible avec les observations en laboratoire. Quand Einstein, perplexe, dira à Bohr : « Ne me dites pas que la Lune n'existe pas quand je ne la regarde pas », Bohr lui répondra, toujours gentiment : « Comment voulez-vous que je le sache ? »

Le monde n'est pas aussi simple que l'a cru Einstein, les lois de la physique ne déterminent pas complètement l'avenir. La causalité ne se présente pas sous forme rigide : à chaque cause correspond non pas un et un seul effet, mais plusieurs effets possibles. Celui qui se réalisera ne peut pas être prévu par des équations mathématiques. On peut tout au plus en calculer la probabilité. Le futur n'est pas complètement inscrit dans le présent.

Résumons-nous. Einstein possède des convictions profondes et inébranlables sur le comportement de la réalité matérielle. Aussi longtemps que ces convictions correspondront à la réalité, ses efforts seront extrêmement fertiles et couronnés de succès éclatants. C'est la première partie de sa carrière. Mais quand il abordera des territoires où elles ne s'appliquent plus, ses efforts seront stériles. Il a bien apprécié la simplicité inhérente à la réalité ; il a sous-estimé sa toute aussi inhérente complication.

46

Einstein et la cosmologie

La carrière d'Einstein a été intimement liée au développement de la cosmologie contemporaine. Il y a contribué d'une façon majeure. Mais, là aussi, la puissance de ses convictions lui a parfois joué de mauvais tours.

Einstein croyait que l'univers est de dimension finie et statique. C'est-à-dire éternel, sans début ni fin. Comme les penseurs grecs de tendance apollinienne, il rejetait la notion d'infini (C-2).

Quelle surprise pour lui quand il découvrit que les équations de sa théorie semblaient impliquer la possibilité de mouvements globaux dans l'univers ! Contraction, expansion : les deux étaient possibles. Pour compenser ces mouvements et stabiliser l'univers, il inventa un nouveau terme mathématique qu'il appela la « constante cosmologique » (C-20), qui allait être l'objet de nombreuses et surprenantes péripéties. Peine perdue… Pour deux raisons : l'une mathématique, l'autre astronomique.

La raison mathématique : la constante cosmologique s'avéra impuissante à arrêter les mouvements globaux. La raison astronomique : grâce à Edwin

Hubble, on découvrit peu après les années 1920 que l'univers est effectivement doté d'un mouvement global. Il est en expansion !

Vers 1928, Georges Lemaître, un chanoine belge, élabore la théorie de l'atome primitif, l'ancêtre du Big Bang. Einstein réagit mal. Il écrit : « Vos mathématiques sont correctes, mais vos idées sont abominables. » Mais il s'inclinera plus tard devant l'accumulation des observations. Il participera lui-même à l'élaboration de la nouvelle cosmologie.

Nous avons là un nouvel exemple de la puissance potentiellement positive et négative des convictions préalables. Positive, parce qu'elle a amené Einstein à la cosmologie. Négative, parce que, en persistant dans son idée d'un univers statique, il avait refusé d'écouter le message de ses équations. Il aurait pu prévoir l'expansion du cosmos dix ans avant sa confirmation observationnelle. Einstein croyait à la fois trop et pas assez à la puissance des mathématiques quand elles sont appliquées à la réalité. De sa constance cosmologique qu'il reniera plus tard, il dira : « C'est la plus grande bévue de ma carrière. »

Malgré son désir d'en finir avec elle, la constante cosmologique allait renaître plusieurs fois de ses cendres. On l'invoque aujourd'hui pour rendre compte du fait que non seulement l'univers est en expansion, mais que son expansion est elle-même en accélération. Elle était en quelque sorte une prémonition de l'existence de l'énergie sombre (C-18).

47

L'équation de Dirac

Nous quittons maintenant le monde d'Einstein pour aborder celui d'un autre grand physicien de notre époque : Paul Dirac.

Replaçons-nous dans le contexte historique des années 1920-1930. Deux grandes découvertes viennent de révolutionner profondément la physique : la théorie de la relativité et la physique quantique. Les deux théories ont un immense succès, mais chacune dans leur domaine.

Dirac, un physicien anglais féru de mathématiques, prend conscience du fait que les équations de la physique quantique et celles de la relativité sont incompatibles et même, à la limite, contradictoires. Celles d'Einstein ignorent celles de la physique quantique et vice-versa. Problème. Dirac se dit que la réalité est une et que, selon toute logique, les équations qui la décrivent devraient intégrer tous les aspects de ses manifestations. Ces incohérences entre les deux théories doivent être éliminées.

Il se propose alors d'écrire une équation plus générale qui intégrerait à la fois les apports de la relativité restreinte et ceux de la physique quantique. Avec beaucoup d'efforts, il y arrive. Son équation, appelée « équation de Dirac », est d'un aspect hautement rébarbatif. Très sophistiquée, elle fait appel à des formes de mathématiques bien peu familières à cette époque. La réalité serait-elle si compliquée ? Dirac est décontenancé.

Les solutions à cette équation promettent d'être très difficiles à interpréter. Pourtant, un premier résultat semble d'excellent augure. Il concerne le mouvement des électrons dans les champs magnétiques (figure 5).

On savait déjà depuis quelque temps que les électrons sont déviés quand ils traversent un champ magnétique. D'une façon tout à fait imagée, on avait imaginé l'électron comme un petit « aimant ». Plus précisément, comme une petite sphère tournant rapidement sur elle-même, une représentation miniature de la Terre, par exemple. Ce mouvement de rotation d'une particule chargée, appelé « spin », était, dans cette optique, responsable du mouvement particulier de l'électron dans le champ magnétique. L'électron pouvant tourner sur lui-même dans le sens des aiguilles d'une montre ou dans le sens inverse, il pourrait être dévié dans deux directions différentes.

Or l'équation de Dirac montre, et c'est là un premier grand succès, que le spin est une propriété qui se déduit naturellement de son équation. Il découle de l'intégration des acquis de la relativité et de la physique quantique. Inutile maintenant d'en postuler arbitrairement l'existence…

Précisons, pour ne pas trop simplifier les choses, que le spin n'a rien à voir avec une rotation quelconque de l'électron... À ce niveau de réalité, il faut toujours se méfier des images simplistes.

Ajoutons toutefois que la réunification accomplie par Dirac ne touche que la théorie de la relativité restreinte, formulée en 1905 par Einstein. Elle ne s'applique que dans des contextes où la force de gravité est absente, ou très faible (à la surface de la Terre, par exemple). La réunification de la physique quantique et de la théorie de la relativité générale (incluant l'influence de la gravité) reste l'un des problèmes majeurs de la physique contemporaine (C-66).

48

La possibilité de l'existence de l'antimatière

De l'équation qu'il formula pour réconcilier la physique quantique et la théorie de la relativité restreinte, Dirac dira plus tard : « Mon équation est bien plus savante que moi. » Non content de décrire le spin qui provoque la déflexion des électrons dans les champs magnétiques, elle prédit l'existence de l'antimatière.

L'existence de l'électron, particule légère possédant une charge électrique négative, était connue depuis une trentaine d'années. Dans son langage mathématique, l'équation de Dirac annonce l'existence, en parallèle, d'une autre particule, sœur jumelle de l'électron, en tout point semblable sauf sur un plan : elle possède une charge électrique positive. On l'appellera « positron » ou « antiélectron ». C'est là le premier représentant d'une longue famille, à découvrir ultérieurement, et qui constitue l'antimatière.

La question, bien sûr, se pose : cette particule existe-t-elle vraiment dans la nature ou bien n'est-elle simplement qu'une idée, un « être de raison » né des besoins de la logique mathématique ? La réponse arrive deux ans plus tard. En développant des plaques photographiques envoyées en ballon dans la haute atmosphère pour y détecter la présence de particules rapides circulant dans l'espace, les «rayons cosmiques» (C-32), on découvre la présence de traces sombres, divergentes, laissées par le passage de deux particules semblables, mais de charges opposées : un électron et… un antiélectron (figure 5). Il existe vraiment !

On note aussi que, dans ces émulsions, les électrons et les positrons apparaissent toujours ensemble. Ils forment ce que l'on appelle une paire particule-antiparticule.

Résumons-nous. Dirac est convaincu que si la réalité présente, au travers des équations qui la décrivent, des apparences d'incompatibilités ou d'incohérences, c'est que les théories sont incomplètes. À partir de cette conviction, il montre que ces difficultés peuvent être aplanies et il reçoit deux informations qui vont enrichir la physique et l'astronomie :

– la première concerne une propriété des électrons déjà connue : leur déflexion dans un champ magnétique (figure 5). L'image trop simpliste d'une sphère chargée tournant sur elle-même est remplacée par la notion d'une propriété intrinsèque de l'électron, appelée «spin», dont l'existence dérive automatiquement et sans imagerie de son équation ;

– la seconde information est, cette fois, entièrement inattendue : la prédiction de l'existence d'une sorte de jumeau de l'électron, mais de charge électrique positive (l'électron ordinaire est négatif). Cette prédiction a été confirmée quelques années plus tard. Elle a inauguré un nouveau chapitre de la physique dont le sujet est le monde de l'antimatière.

49

La découverte de l'antimatière

La découverte de l'existence de l'antimatière provient au départ des réflexions du physicien Paul Dirac, à la fin des années 1930, dans un effort pour réconcilier la théorie d'Einstein avec la physique atomique. L'antiélectron (électron positif) a été observé pour la première fois en 1932 dans le rayonnement cosmique (figure 5). À notre époque, on en fabrique des milliards dans les accélérateurs de particules des laboratoires de physique nucléaire.

On devait découvrir par la suite que cette gémellité n'est pas confiné aux électrons. Chacune des particules élémentaires possède son double. Les antiprotons, de charge négative (les protons ordinaires sont positifs), furent détectés en laboratoire dans les années 1950. On en fait également des faisceaux d'une grande intensité qui servent à étudier les propriétés de la matière atomique et nucléaire.

Aujourd'hui, en associant les antiprotons et les antiélectrons, on fabrique des antihydrogènes, atomes tout à fait semblables à l'hydrogène ordinaire, sauf que les charges électriques du noyau (l'antiproton) et des particules orbitales (les antiélectrons) sont inversées. Cette gémellité s'étend également aux neutrinos et aux quarks (C-53 et C-56).

Propriété importante de la matière et de l'antimatière : les particules et les antiparticules doivent obligatoirement se tenir à distance pour perdurer. Si elles se trouvent au même endroit au même moment, elles disparaissent immédiatement. On dit qu'elles « s'annihilent ». En fait, elles se transmutent en lumière ou en d'autres particules.

Ce phénomène dégage beaucoup d'énergie. Les masses des particules se transforment en énergie lumineuse (rappelez-vous : $E = mc^2$!). En termes de particules, la paire s'est transmutée en photons.

La lumière joue ici un rôle particulier. Les « photons » (les grains de lumière) n'ont pas de jumeaux. Il n'y a pas d'antiphotons. Plus exactement, on dit que les photons sont leurs propres antiparticules.

On peut considérer la lumière comme formant un monde intermédiaire entre la matière et l'antimatière. Une paire de particules peut s'annihiler en lumière. Mais l'inverse est également possible. De la lumière, on peut faire naître des paires formées d'une particule et d'une antiparticule par un phénomène appelé « création de paires ». Les deux phénomènes, annihilation et création de paires, se produisent en grande abondance aussi bien dans les accélérateurs terrestres que dans les étoiles et les galaxies du cosmos.

Les premiers antiélectrons découverts en 1932 provenaient des collisions de rayons cosmiques dans les plaques photographiques envoyées dans la haute atmosphère. Il s'agissait effectivement d'une création de paires dont les partenaires s'étaient signalés par des traces différentes dans les émulsions. Ils nous apprenaient par là une propriété qui allait prendre par la suite une grande importance cosmologique : la génération d'une antiparticule s'accompagne obligatoirement de la génération de la particule correspondante – un antiélectron est toujours associé à un électron (figure 5).

50

Où est passée l'antimatière ?

Nous poursuivons notre étude du monde étrange de l'antimatière découvert théoriquement par le physicien Dirac et confirmé par des expériences en laboratoire.

La matière et l'antimatière se révèlent à nous comme deux mondes parallèles avec des propriétés très semblables, différant par les charges électriques (ou d'autres propriétés) des particules qui les constituent. Ainsi, comme nous l'avons vu, les électrons ont des charges négatives, tandis que les antiélectrons sont positifs.

La nature semble pourtant avoir privilégié la matière par rapport à l'antimatière. Tout, autour de nous, est matière. L'antimatière est extrêmement rare. On en fabrique à grands frais dans les accélérateurs; on en trouve des quantités infimes dans le rayonnement cosmique (C-32) qui circule entre les planètes et les étoiles.

Cette différence entre les populations des particules et les antiparticules devient particulièrement surprenante quand on prend en considération le fait qu'en laboratoire ces paires sont toujours engendrées ensemble. À toute génération d'électron correspond la génération d'un antiélectron. S'il en est ainsi en laboratoire, on a toutes les raisons de penser qu'il en a été ainsi lors des réactions à haute température des débuts du cosmos (C-22) qui ont créé les électrons de la nature, ceux de notre corps comme ceux des étoiles. Comment expliquer alors l'extrême rareté de l'antimatière par rapport à la matière ordinaire ?

Reconnaissons d'abord que nous n'avons, à ce jour, aucune réponse satisfaisante à cette question. Elle reste une des énigmes de la cosmologie actuelle. Pourtant, nous avons une ébauche de scénario que nous devons au physicien Sakharov, célèbre pour ses démêlés avec les dirigeants de l'ex-URSS. Dans l'immense chaleur du Big Bang, les réactions de création et d'annihilation de paires, semblables à celles que nous provoquons en laboratoire, étaient omniprésentes et innombrables. En conséquence, aux premiers temps de l'univers, les populations de particules de matière et d'antimatière devaient être strictement égales.

Pourtant, au cours du refroidissement, pendant les premières microsecondes du cosmos, des phéno-mènes appelés « transitions de phase » se sont pro-duits qui ont eu beaucoup d'effets sur l'évolution ultérieure. Ils ont engendré un peu plus de matière que d'antimatière, une infime différence de population favorisant la matière sur l'antimatière : un milliard et une particules de matière pour chaque milliard de par-ticules d'antimatière. Mais cette différence, provo-quée par l'existence d'une légère dissimilitude dans le comportement de la matière et de l'antimatière, allait jouer plus tard un rôle fondamental.

Telle fut la situation jusqu'à la première seconde du cosmos. Alors la matière, refroidie par l'expansion, n'était plus assez chaude (n'avait plus assez d'énergie thermique) pour engendrer de nouvelles créations de paires. Ce phénomène est en effet très coûteux en énergie puisqu'il faut créer la masse des particules de la paire ($E = mc^2$!!). À l'inverse, les annihilations de paires, qui, elles, n'exigent pas d'énergie mais au contraire en dégagent beaucoup, continuaient à se produire.

Ainsi, par la suite, chaque particule d'antimatière a pu se trouver un partenaire de matière et s'annihiler avec lui. L'antimatière a disparu de l'univers à cette période. C'est pourquoi on n'en trouve plus. Mais, et c'est là le point crucial, le minuscule surplus de matière produit auparavant n'a pas pu trouver de partenaire pour s'annihiler. Il est donc demeuré intact. Et c'est de ce petit surplus que notre univers est formé. Sans lui, notre univers ne contiendrait aujourd'hui que de la lumière. Donnons un coup de chapeau aux « transitions de phase » qui ont provoqué ce petit supplément !

51

L'antimatière comme instrument de connaissance

Notre univers contient donc à la fois de la matière et de l'antimatière, mais les quantités respectives de ces deux composantes dans la nature sont excessivement différentes. La matière est omniprésente alors que l'antimatière n'existe, à notre connaissance, que dans nos laboratoires et dans le rayonnement cosmique qui circule entre les étoiles. On assigne cette différence à des phénomènes qui se sont passés aux premiers instants de l'univers. Mais la cause de ces phénomènes reste encore largement inexpliquée.

La matière et l'antimatière ne peuvent pas coexister au même endroit. Elles s'annihilent alors en lumière. D'où un problème majeur pour les physiciens qui fabriquent de l'antimatière en laboratoire : comment la conserver ? Il faut impérativement tenir les antiparticules à distance des particules de matière ordinaire. Sinon elles disparaissent instantanément.

La recette consiste à les produire dans des enceintes qui ont été préalablement évidées d'air. Et ensuite de les empêcher d'en atteindre les parois en les confinant au moyen de puissants champs magnétiques. On fabrique d'immenses tubes circulaires appelés «anneaux de collisions» dans lesquels particules et antiparticules circulent séparément. Le plus grand anneau, situé à Genève au Centre européen pour la recherche nucléaire (CERN), atteint dix-sept kilomètres de diamètre.

Le but de ces expériences est de précipiter ces antiparticules, préalablement accélérées à de très hautes énergies (milliards d'électronvolts), sur des cibles de matière pour observer les effets de ces collisions. Ainsi on a pu voir apparaître des quantités de particules inconnues jusqu'alors. L'étude des propriétés de ces objets nous a permis de faire d'immenses progrès dans notre connaissance de la matière. Des accélérateurs toujours plus puissants sont en préparation dans différents pays pour aller encore plus loin dans ce projet.

Rappelons que l'annihilation d'une paire particule-antiparticule dégage beaucoup d'énergie. À peu près cent fois plus d'énergie, par unité de masse, que les réactions nucléaires d'une bombe atomique. Pourrait-on utiliser ce mode d'énergie à des fins civiles ? Y a-t-il là un espoir de solution de nos problèmes énergétiques à l'échelle planétaire ?

Le problème, c'est qu'il faut d'abord engendrer l'antimatière ! Contrairement à l'uranium de nos réacteurs, elle n'existe pas dans la nature qui nous entoure. Il faut mettre en opération des accélérateurs de haute énergie, capables de provoquer des collisions de particules chargées. L'antimatière fournirait au mieux un moyen de stockage de l'énergie. De toute façon, le coût de l'opération a vite dissuadé les autorités civiles et militaires qui auraient pu s'y intéresser.

4

ATOMIQUE

52

Atomes

Que se passe-t-il si l'on essaie de couper une pièce de fer en morceaux toujours plus petits ? Est-ce que les fragments obtenus sont encore et toujours du fer ? Ou bien, est-ce que, en deçà d'une certaine taille, ce n'est plus du fer ? Voilà des questions qui ont hanté les premiers philosophes de la nature.

Nous devons la notion d'atome à Démocrite et à Lucrèce. Les atomes seraient, selon leurs inventeurs, des corpuscules indivisibles : la plus petite réalité de la matière. Ce sont leurs différents agencements qui rendent compte de l'apparence et des propriétés de toutes les substances de la nature.

Les chimistes des siècles derniers ont vérifié la valeur de cette intuition. L'eau, par exemple, est composée d'atomes d'hydrogène et d'oxygène qui n'ont pas, individuellement, les mêmes propriétés que celles de leur combinaison en eau. Tout au long des XVIIIᵉ et XIXᵉ siècles, on a répertorié une centaine d'atomes différents. Citons-en quelques-uns pour mémoire : hydrogène, carbone, oxygène, mais aussi fer et or. Leurs innombrables combinaisons forment toutes les objets existants, des grains de sable aux galaxies.

Mais les atomes existent-ils vraiment, au sens littéral

du mot, ou ne s'agit-il que d'une imagerie commode pour la compréhension de phénomènes observés à notre échelle ? Jusqu'à la fin du XIXᵉ siècle, de grands esprits comme Ernst et Nietzsche rejetaient leur existence réelle.

Ce n'est qu'au début du XXᵉ siècle, en particulier grâce aux travaux de Jean Perrin, que la réalité des atomes comme corpuscules individuels s'impose définitivement. L'idée de ses expériences est simple et astucieuse. Il dénombre les atomes dans un volume déterminé de matière, disons, par exemple, dans un centimètre cube d'eau. L'estimation peut se faire de nombreuses façons, toutes différentes, qui donnent toujours, à peu de chose près, le même résultat. Une telle concordance ne pourrait se concevoir si elle ne correspondait pas à la réalité.

Le mot atome, il faut ici le mentionner, veut dire littéralement « insécable ». En grec, *atomos* est formé du mot *tomos* (couper), précédé du *a* privatif : que l'on ne peut pas couper. L'atome est une sorte d'ultime réalité, de particule élémentaire qui ne serait pas elle-même composée de parties plus infimes.

Tout allait profondément changer au XXᵉ siècle.

À scruter les atomes plus à fond, on arrivera à les décortiquer. Ils comportent un noyau central entouré d'électrons orbitaux. On peut leur enlever leurs électrons et laisser leur noyau à nu. Celui-ci, soumis à l'observation, montre qu'il est lui-même composé de particules : des protons et des neutrons que l'on peut extraire séparément. Avions-nous trouvé là les véritables atomes dont rêvaient les Grecs : les corpuscules irréductibles ?

53

Protons et quarks

Le mot « proton » dérive du grec *protos*, qui veut dire « premier ». Vers les années 1950, les physiciens croyaient avoir enfin trouvé là le corpuscule ultime de la réalité : la vraie « particule élémentaire ».

Quand j'étais étudiant aux États-Unis, George Gamow, un des pères du Big Bang, avait annoncé pendant un cours de physique qu'il était prêt à parier la moitié de sa fortune sur l'insécabilité du proton. Intimidés par le prestige de ce chercheur, nous n'avons pas osé prendre le pari. Nous avons eu tort ! Fils d'une famille émigrée de Russie au moment de la révolution de 1917, Gamow était très riche… Quelques années plus tard, les quarks détrônaient les protons.

Un quark est une particule qui ne supporte pas la solitude. Il doit toujours être entouré d'autres quarks. Plus on cherche à l'éloigner de ses voisins, plus la force qui les attire augmente ; impossible de les isoler.

En bombardant un proton avec des électrons rapides, on voit apparaître dans son volume trois taches distinctes. Si l'on associe cette observation à d'autres phénomènes, on parvient à déterminer les propriétés des quarks. Ils possèdent des charges électriques qui correspondent à un ou deux tiers de celle de l'électron. À chaque quark correspond un antiquark.

Il y en a diverses variétés. On les distingue par leurs « saveurs » et leurs « couleurs ». Il y a six saveurs différentes auxquelles on a donné les noms suivants : *u* comme *up*, *d* comme *down*, *s* comme *strange* (étrange), *c* comme *charmed* (charmé), *t* comme *top* (sommet), *b* comme *bottom* (bas). Et trois couleurs : bleu, vert, rouge. Ajoutons que ces qualificatifs n'ont aucun rapport avec le sens usuel des mots « saveurs » et « couleurs » : ce sont des termes conventionnels pour différencier les variétés de quarks.

Dans la nature, les quarks existent en triplets ou en couples. Le proton est composé de deux quarks *u* et d'un quark *d*, le neutron de deux quarks *d* et d'un quark *u*. Les couples de quarks, appelés mésons, sont des particules de brève durée que l'on fabrique dans les accélérateurs.

Le quark serait-il alors enfin la véritable et insécable particule élémentaire recherchée depuis si longtemps ? Assagis par les désillusions antérieures au sujet des atomes et des protons, les physiciens sont devenus plus prudents et, aujourd'hui, aucun ne proposerait le pari de Gamow !

54

Électrons

Tout comme le mot « électricité », le mot « électron » dérive du mot grec *elektron*, qui désigne l'ambre jaune. On avait remarqué depuis longtemps la propriété qu'a cette résine d'attirer les corps légers quand on la frotte. La découverte de l'électron par le physicien anglais Joseph James Thompson remonte à 1897. C'est l'analyse des éléments chimiques et de leurs réactions qui en a révélé l'existence.

Les électrons sont des particules légères : environ deux mille fois plus légères que les protons. Ont-ils un volume ? Contrairement aux protons dont on a pu déterminer le rayon (un milliardième de micron), aucune observation n'a pu déceler la présence d'un volume mesurable chez un électron. Peut-on parler à son sujet d'une particule de dimension nulle ? C'est à voir. Il faut dire que, dans des espaces aussi restreints, la notion de dimension est brouillée par la physique quantique. Disons qu'à toutes fins pratiques les électrons se comportent comme des points massifs. Comme les quarks d'ailleurs.

Au sein des atomes, les électrons sont en orbite autour du noyau composé de protons et de neutrons.

Mais attention, la similitude des mouvements des électrons avec ceux des planètes est trompeuse. Il ne s'agit pas d'un simple modèle réduit. Les lois qui régissent le microcosme et celles du macrocosme sont bien différentes…

Le nombre d'électrons autour d'un atome en détermine la nature ; l'hydrogène n'en a qu'un seul ; l'uranium en a quatre-vingt-douze. Tous les éléments chimiques sont compris entre ces deux extrêmes (sauf quelques noyaux plus lourds encore, mais extrêmement instables).

Si on augmente la température, l'atome perd progressivement ses électrons. On dit qu'il « s'ionise ». On peut ainsi extraire les électrons des atomes, les isoler et en faire des faisceaux. Ces faisceaux projetés sur des cibles appropriées servent à étudier la structure de la matière sous toutes ses formes.

Les électrons et les photons ont une intime parenté.

Des électrons en mouvement émettent des photons. L'absorption de photons par des électrons peut les mettre en mouvement. C'est ce qui se passe dans les antennes émettrices ou réceptrices. Votre antenne de radio reçoit des ondes composées de photons provenant de la chaîne que vous écoutez.

La physique inscrit les électrons, les quarks et les neutrinos sur la liste des particules élémentaires. Elle les considère, à toutes fins pratiques, comme des êtres « irréductibles », c'est-à-dire non composés d'éléments en lesquels on pourrait les séparer. Mais après les déconvenues des recherches antécédentes (l'atome peut être cassé, le proton n'est pas « premier »…), les physiciens restent prudents. Pour casser une particule (si elle est cassable…), il faut utiliser un marteau très puissant. C'est-à-dire la bombarder avec des bolides d'une grande énergie. Les accélérateurs contemporains n'y suffisent pas. Nous attendons des instruments plus performants (par exemple, au CERN à Genève) pour en avoir le cœur net. Nous saurons peut-être alors si les électrons et les quarks sont de vraies particules élémentaires ou si, au contraire, il faut poursuivre plus loin la recherche de ces éventuelles entités ultimes…

55

Les photons et la lumière

Nous poursuivons notre inventaire des constituants de notre cosmos. Après avoir décrit les neutrinos et les quarks, nous évoquerons ici des particules de lumière : les photons.

La nature de la lumière est longtemps restée mystérieuse. Elle possède des propriétés qui semblent contradictoires :

– d'une part, à partir d'une source, la lumière se propage comme une onde, à l'image des cercles concentriques quand on jette un caillou dans l'eau. Les colorations de l'arc-en-ciel, les teintes des bulles de savon et des taches d'huile sur l'eau s'expliquent à partir de ce caractère ondulatoire ;

– mais, en d'autres circonstances, la lumière se comporte comme les balles d'une mitrailleuse. Elle exhibe alors un caractère granulaire, montrant des particules que l'on appelle photons. Ces photons peuvent être détectés et comptés un par un.

Alors : onde ou corpuscule ?

Grâce à la physique quantique, nous disposons aujourd'hui d'une théorie parfaitement satisfaisante du comportement de la lumière. Elle rend compte de sa double personnalité, à la fois ondulatoire et granulaire, même s'il est impossible de nous en faire une image. Mais il n'est peut-être pas étonnant que des phénomènes relatifs à des échelles si éloignées de nos perceptions habituelles persistent à nous paraître étranges.

Les photons sont des particules de masse nulle. Ils se meuvent – comme on peut s'y attendre – à la vitesse de la lumière. Les photons du rayonnement fossile (figure 2) ont voyagé près de quatorze milliards d'années avant d'être absorbés dans nos détecteurs. Pendant toute la durée de l'histoire du cosmos (Big Bang, naissance des galaxies, formation du système solaire, évolution de la vie sur la Terre…), ils filaient droit devant eux, imperturbables, affectés seulement par l'expansion de l'espace, qui réduisait progressivement leur énergie.

Les photons ont un curieux rapport au temps. On peut dire que, pour eux, le temps n'existe pas. Si on pouvait leur attacher un chronomètre, on découvrirait qu'entre le moment où ils sont émis (leur apparition dans le cosmos) et le moment où ils sont absorbés (leur disparition), il ne s'écoule aucun temps (durée zéro). Ce phénomène se retrouve chez toute particule voyageant à la vitesse de la lumière. C'est la théorie de la relativité d'Einstein qui nous l'a révélé.

L'onde lumineuse est caractérisée par une longueur d'onde qui spécifie l'énergie du photon qui lui est associé. Cela va du kilomètre pour les ondes radio au nanomètre (millionième de millimètre) pour les rayons gamma. À mi-chemin environ (autour du micron), on trouve la lumière visible à nos yeux : toutes les couleurs de l'arc-en-ciel. L'espace interstellaire et intergalactique est rempli de photons de toutes énergies. Il y en a environ cinq cents par centimètre cube. La plupart viennent directement du Big Bang ou, mais en quantités moindres, des milliards d'étoiles réparties dans les milliards de galaxies.

Le cosmos est loin d'être vide…

56

Neutrinos : l'intuition
de Wolfgang Pauli

Nous allons aborder maintenant le monde des neutrinos. Ces particules, inconnues jusque dans les années 1930, sont présentes aujourd'hui dans toute la physique et l'astrophysique. Elles existent en grand nombre dans tout l'univers et jouent un rôle important dans la dynamique des phénomènes cosmiques. L'observation des neutrinos nous permet d'appréhender de nouveaux aspects de notre univers.

L'idée même de l'existence de cette particule est née dans le cerveau d'un physicien génial, Wolfgang Pauli. Les physiciens étaient alors confrontés à un problème difficile posé par la désintégration des neutrons. Les neutrons sont, avec les protons, les constituants des noyaux atomiques. Extrait de son noyau et abandonné à lui-même, le neutron disparaît en vingt minutes environ. Que devient-il ?

Les premières observations laissaient voir à sa place un proton et un électron, débris en quelque sorte de sa constitution. Pourtant, quelque chose paraissait faire problème : la somme des énergies associées à chacune de ces particules résiduelles était inférieure à l'énergie du neutron. Le principe de la conservation de l'énergie (rien ne se perd, rien ne se crée…) semblait pris en défaut. Fallait-il contester le caractère prétendu absolu de ce principe ? Fallait-il admettre qu'en certains cas ce principe puisse être violé ? Après tout, pourquoi pas ?

Pourtant, dans un ultime effort pour sauvegarder cette loi si chère et si commode aux physiciens, Pauli avance une hypothèse téméraire : et s'il y avait aussi une troisième particule, mais indétectable par les techniques de l'époque ? Et si cette particule emportait avec elle l'énergie manquante dans le bilan ? Le principe serait sauvé ! Que pouvait-on dire de cette particule hypothétique ? D'abord, qu'elle devait avoir une très faible masse (le déficit d'énergie était quand même faible). Ensuite qu'elle ne devait pas être électriquement chargée. Sinon on l'aurait observée ! Cette particule se présentait comme une sorte de petit neutron que l'on baptisa «neutrino».

Victoire de l'analyse théorique, les neutrinos furent détectés quelques années plus tard au voisinage des réacteurs nucléaires. On en fabrique maintenant des faisceaux de grande intensité. En les projetant sur des cibles choisies, on les utilise pour analyser la constitution intime de la matière. On sait aujourd'hui qu'il en existe trois variétés avec des propriétés différentes.

Et tout cela à partir d'une particule inventée pour sauver le sacro-saint principe de la conservation de l'énergie ! Lavoisier avait vu grand le jour où il a énoncé ce principe.

57

Des neutrinos
en provenance du Soleil

Les neutrinos sont des particules très discrètes. Ils interagissent très peu avec les atomes. Il est possible de s'en faire une idée en les comparant aux particules de la lumière, les photons. Un simple abat-jour en carton suffit à diminuer considérablement le flux lumineux (donc de photons) d'une lampe. Pour obtenir le même résultat avec une source de neutrinos, il faudrait interposer un écran de plomb de plusieurs années-lumière d'épaisseur. Cette « discrétion » est à la fois un avantage et un inconvénient.

Avantage : parce que, ainsi, les neutrinos nous donnent des renseignements sur des lieux d'où nulle autre particule ne peut nous parvenir (étant absorbée en cours de route).

Inconvénient : parce que, du même coup, ils sont extrêmement difficiles à détecter. Les mesures nécessitent une instrumentation très sophistiquée et de très grande dimension. Nous comptons aujourd'hui une dizaine de télescopes à neutrinos en opération sur la planète. Plusieurs autres sont en construction.

Des neutrinos sont émis par des réactions nucléaires

dans les laboratoires. Ils ont été détectés pour la première fois en 1956. Quelques années plus tard, la détection de neutrinos en provenance du Soleil a été un grand moment de l'astronomie. Elle apportait une réponse définitive à la question : d'où le Soleil tire-t-il son énergie ? Les travaux des théoriciens avaient montré que, selon toute vraisemblance, des réactions nucléaires dans le cœur torride des astres en étaient la source. Là, on en avait la confirmation expérimentale ! Ces neutrinos en fournissaient la preuve.

Le Soleil nous inonde de ces particules. À chaque seconde, quarante-cinq milliards de neutrinos, en provenance de notre étoile, traversent notre corps sans que nous en ressentions le moindre effet. Gage de leur immense discrétion. On observe en permanence le flux de neutrinos qui arrive de l'astre solaire (figure 6) et qui nous donne accès à son cœur même, alors que la lumière reçue par les télescopes optiques ne provient que de sa surface. En combinant ces techniques, nous avons maintenant une connaissance précise de l'état de la matière (température, pression, composition chimique, champ magnétique) dans tout le volume du Soleil.

Comme lui, les étoiles émettent de grandes quantités de neutrinos. Les flux sont particulièrement intenses lors de l'explosion (C-34) qui marque la mort des étoiles massives (supernovæ). En 1987, une supernova d'une grande brillance optique (trente millions de fois la luminosité du Soleil) a éclaté dans le Grand Nuage de Magellan, une petite galaxie située à cent soixante-dix mille années-lumière. Cet événement a été accompagné d'un puissant jet de neutrinos

que nos instruments ont repéré. Les observations com-
binées de ces particules et de la lumière-(photons)
nous ont permis d'étudier ce phénomène comme
jamais on n'avait pu le faire auparavant.

58

L'astronomie des neutrinos

La détection de neutrinos en provenance du Soleil a confirmé l'origine nucléaire de l'énergie des étoiles. Sous l'effet de la chaleur des cœurs stellaires (des dizaines de millions de degrés), l'hydrogène se transforme en hélium. Les réactions nucléaires qui provoquent cette mutation émettent de puissants flux de neutrinos. Connus pour leur discrétion (ils laissent très peu de traces de leur passage), ils nous parviennent directement depuis le cœur du Soleil. Mais, contrairement à la lumière de l'astre, ils traversent sans difficulté le volume rocheux de notre planète. Résultat : le Soleil neutrinique ne se couche jamais et ces particules nous parviennent de nuit comme de jour.

Ici réside un espoir futur pour la géologie. Les flux diurnes et nocturnes de neutrinos en provenance du Soleil ne sont pas exactement égaux. Il n'est pas encore possible d'en estimer la différence, vraisemblablement extrêmement faible, mais l'amélioration continuelle des techniques laisse prévoir que l'on y arrivera bientôt. En nous permettant d'évaluer l'effet de la substance terrestre interposée entre le Soleil et nos détecteurs pendant la nuit, ces mesures nous renseigneront sur les conditions physiques à l'intérieur de notre planète. Une sorte d'échographie d'un des lieux les plus mal connus de notre univers.

La détection des neutrinos en provenance du Soleil nous a également fourni un renseignement d'une grande importance : notre astre est fait, comme nous, de matière et non pas d'antimatière. Comme les électrons et les protons, les neutrinos ont leurs antiparticules : les antineutrinos (C-49). Ce sont eux qu'un Soleil d'antimatière projetterait. Or les évaluations maintenant nombreuses et détaillées des émissions solaires montrent qu'il s'agit de neutrinos, indiquant par là même que le Soleil est bel et bien fait de matière. Nous le supposions déjà, mais, en science, les confirmations ne sont jamais de trop…

Ainsi en est-il des neutrinos émis par la supernova de 1987 dans le Grand Nuage de Magellan. Ces détections nous suggèrent que l'univers est composé de matière et non pas d'antimatière, au moins dans notre proche espace galactique. Nous avons des raisons de penser que cette prédominance de la matière sur l'antimatière s'étend, en fait, à tout l'univers observable.

Selon la théorie du Big Bang, il doit exister dans le cosmos un rayonnement fossile de neutrinos, analogue à celui des photons découvert en 1965. Il porterait la trace d'événements qui se sont produits pendant les premières secondes de l'univers (C-10).

Contrairement au flux émanant du Soleil, ce rayonnement contiendrait la même quantité (à très peu de chose près) de neutrinos et d'antineutrinos. Leur énergie, un milliard de fois plus faible que celle des neutrinos solaires, les rend beaucoup plus difficiles à détecter, au point qu'aucune technologie actuelle n'est encore capable de le faire. On peut cependant espérer que des progrès techniques nous le permettront dans les décennies à venir. Leur détection confirmerait magnifiquement la valeur de la théorie.

59

La force de gravité

Au cours des chroniques précédentes, nous avons inventorié les différentes particules qui constituent ce que l'on appelle la matière ordinaire – pour la distinguer de la matière sombre précédemment décrite et dont nous ignorons la composition (C-16). Nous avons parlé des photons, des électrons, des protons, des neutrinos et des quarks.

Entre ces différentes particules s'exercent des forces qui les amènent à réagir et parfois à s'associer. La description de ces forces (on dit aussi des interactions) fera l'objet des prochaines chroniques.

On en compte quatre. Leur existence suffit à décrire tous les phénomènes physiques observés jusqu'ici. Mais ce nombre n'est en rien définitif. À plusieurs reprises, des physiciens ont prétendu avoir découvert l'existence d'une cinquième et même d'une sixième force, responsables d'après eux de phénomènes que les quatre premières ne pouvaient engendrer. Mais ces affirmations ont toutes été révoquées. Rien d'impossible cependant à ce que de nouvelles forces soient découvertes dans le futur. La science n'est pas figée et l'avenir est imprévisible.

La force la plus perceptible à nos sens est la gravité : les pommes tombent. Les animaux en ont déjà une connaissance pratique diffuse et s'en servent depuis longtemps. Les mouettes en vol lâchent les coquillages sur les rochers pour les fracasser. Et, plus littérairement, le renard de Jean de La Fontaine compte sur la gravité pour récupérer le fromage que le corbeau laissera choir de son bec.

Grâce à Newton, nous savons que la gravité est responsable du mouvement de la Lune et des planètes dans le système solaire. À partir de cette découverte, des quantités de phénomènes terrestres et astronomiques qui n'avaient cessé d'intriguer les humains depuis toujours – les marées dans les océans, les marches arrière apparentes de Jupiter et de Saturne sur la voûte céleste – deviennent compréhensibles. Si les astres sont sphériques (la Terre, la Lune, le Soleil), c'est aussi dû à l'action de cette force (figure 6).

Les propriétés spécifiques de la force de gravité se décrivent en termes particulièrement simples. Selon la loi proposée par Newton, son intensité dépend seulement de la masse des corps en présence et de la distance entre eux : elle est proportionnelle à l'inverse du carré de cette distance.

La gravité domine l'interaction entre les grandes structures de l'univers. Elle gouverne le mouvement des planètes du système solaire, des astéroïdes jusqu'aux comètes les plus lointaines. Elle contrôle les mouvements des centaines de milliards d'étoiles autour du centre de notre galaxie, la Voie lactée, comme dans toutes les galaxies du ciel. Elle est responsable des mouvements des galaxies entre elles et elle est intimement reliée à la dynamique d'ensemble de l'univers.

Si les grandes distances et les grandes masses de l'univers sont son domaine d'action privilégié, tel n'est pas le cas pour des dimensions plus faibles. Dans les prochaines pages, nous décrirons les forces qui prennent alors le dessus.

L'agitation des corps massifs engendre des ondes gravitationnelles qui se propagent à la vitesse de la lumière et vont affecter les autres corps. Cependant, cet effet est extrêmement faible. Il ne devient important qu'au niveau des très grandes masses, à hautes densités et en très forts mouvements. Par exemple, une explosion de supernova ou une collision entre deux étoiles à neutrons.

On a construit des télescopes appropriés qui vont entrer en opération dans les années qui viennent. On compte ainsi détecter des ondes gravitationnelles provenant de tels événements. Et peut-être même des émissions reliées directement au Big Bang (C-10).

Comme les photons sont associés aux ondes électromagnétiques (la lumière), on pense qu'une particule appelée « graviton » serait associée aux ondes gravitationnelles. Mais, à cause de notre incapacité à formuler une théorie quantique de la gravité, nous ne sommes pas en mesure d'être affirmatifs à ce sujet.

60

La force électromagnétique

En Magnésie, une région proche de la Grèce, on a trouvé des pierres ayant la curieuse propriété de s'attirer ou de se repousser mutuellement quand on les approche (les aimants). Les anciens appelaient «magnétique» la force qui s'exerçait entre elles. Et on dénommait «électrique» la force qui attirait les petits objets quand on frottait de l'ambre jaune (*elektron*). Il s'agissait, croyait-on, de deux phénomènes complètement différents.

Tout a changé au cours du XIXᵉ siècle. Grâce à des chercheurs comme Œrsted, Ampère, et surtout Maxwell, on a compris qu'il n'y a là en fait qu'une seule force, nommée «électromagnétique», qui se manifeste de diverses façons. Selon le cas, elle peut attirer les petits objets ou agir sur les aimants. On a ainsi réalisé une «unification» de deux forces que l'on croyait auparavant différentes.

En peu de mots : c'est le mouvement de charges électriques qui engendre le magnétisme (on dit le «champ magnétique»). En parallèle, les variations du champ magnétique engendrent des champs électriques. Dans la nature, il n'existe pas de charges magnétiques isolées comme il existe des charges électriques isolées (les électrons). La raison profonde de cette différence est passablement mystérieuse.

Le domaine de la force électromagnétique s'étend des dimensions atomiques à celles des astres. C'est à elle qu'incombe le fait que les petits corps célestes (astéroïdes, comètes) ne sont pas sphériques alors que les planètes et les étoiles (où la gravité domine) le sont.

La force électromagnétique est responsable des phénomènes à l'échelle atomique et moléculaire. C'est elle qui maintient les électrons en orbite autour des noyaux atomiques et qui maintient les atomes dans les molécules. À ce titre, elle contrôle toutes les réactions chimiques et toute la biologie. Nos corps sont le siège d'innombrables phénomènes gouvernés par cette force. Il existe un moyen, peu recommandé il est vrai, de percevoir directement la force électromagnétique : mettre le doigt dans une prise de courant.

L'immense gamme des ondes associées aux photons est une manifestation de la force électromagnétique. Elle contrôle le comportement des rayonnements, des plus puissants (rayons X et gamma) aux plus faibles (micro-ondes, radio).

Les phénomènes magnétiques jouent des rôles importants dans les planètes et les étoiles. Notre planète possède un champ magnétique qui oriente les boussoles et guide les oiseaux et les tortues dans leurs migrations.

Le magnétisme de la Terre est provoqué par les mouvements de la matière ferreuse à l'intérieur de son volume. Ces matières contiennent des atomes chargés électriquement dont le déplacement cause l'apparition de pôles magnétiques au voisinage des pôles géographiques Nord et Sud.

Notre Soleil est aussi le siège d'intenses phénomènes magnétiques qui se manifestent par l'apparition et la disparition, selon un cycle de onze ans, de taches solaires, de gigantesques protubérances qui s'élèvent à des centaines de milliers de kilomètres dans l'espace et d'orages aussi soudains que violents. Leurs effets se font sentir dans tout le système solaire. Les magnifiques aurores boréales en sont une des conséquences les plus spectaculaires.

61

La force nucléaire forte

C'est par l'étude des éléments radioactifs, l'uranium et le thorium, que l'existence de la force nucléaire a été révélée au début du XXe siècle. On y rattache les noms de Becquerel, des Curie et d'autres encore. Ces atomes sont instables. Après un certain temps, ils se désintègrent en d'autres particules et ces désintégrations produisent de la chaleur. Ces phénomènes indiquent la présence, au sein de leurs noyaux respectifs, de nouvelles forces inconnues jusqu'alors. Contrairement à la gravité et à l'électromagnétisme qui s'étendent sur des distances immenses, leur portée est extrêmement restreinte ; elle ne s'étend pas hors des noyaux (millionième de micron).

On distingue deux forces, appelées « nucléaire forte » et « nucléaire faible ». Aujourd'hui, la première s'appelle simplement « force nucléaire », tandis que la seconde porte le nom de « force faible ». Nous en reparlerons dans la prochaine chronique.

L'intensité de la force nucléaire est très grande. C'est elle qui soude les quarks dans les nucléons (les protons et les neutrons) et qui soude les nucléons dans les noyaux atomiques.

Sa puissance se manifeste par les actions dont elle est responsable. Un gramme d'uranium peut dégager autant d'énergie qu'une tonne de pétrole (énergie d'origine électromagnétique), ou encore qu'un barrage pendant une période prolongée (énergie d'origine gravitationnelle). C'est elle qui permet aux réacteurs nucléaires d'alimenter certains réseaux électriques. Dans le ciel, elle est la source de l'énergie des étoiles, leur assurant une longévité de millions, voire de milliards d'années.

Quand son énergie est amenée à se dégager rapidement, elle provoque des explosions. Sur la Terre par les bombes nucléaires, et dans le ciel par des phénomènes associés à la mort des étoiles massives. Il s'agit alors de supernovæ qui peuvent devenir en quelques heures des milliards de fois plus lumineuses que le Soleil. On peut les voir jusqu'à des milliards d'années-lumière.

La force nucléaire joue un grand rôle dans un chapitre majeur de l'histoire de l'univers : la formation des atomes (la nucléosynthèse). La puissante attraction qu'elle exerce entre les nucléons leur permet de se combiner pour fabriquer tous les noyaux atomiques jusqu'aux plus lourds.

C'est dans le cœur torride des étoiles que ces réactions ont lieu. L'intense chaleur (dizaines, voire centaines de millions de degrés) provoque d'incessantes collisions. Dans certains cas, les particules entrent en fusion pour former des composés nouveaux. C'est ainsi qu'à partir des protons initiaux du Big Bang, la grande variété des atomes présents aujourd'hui dans le cosmos s'est progressivement constituée. Le matériau des planètes solides – silicium, fer – et les éléments fondamentaux de la vie – carbone, azote, oxygène – sont nés dans les étoiles géantes rouges semblables à Bételgeuse et Antarès. Toujours, rappelons-le, grâce à la très grande puissance de cohésion de la force nucléaire.

62

La force nucléaire faible

L'existence d'une force nucléaire « faible », distincte de la force nucléaire « forte », n'a été perçue que dans les années 1930, grâce en particulier aux travaux du physicien italien Enrico Fermi.

La manifestation la plus facilement détectable de l'action de la force nucléaire faible est la transformation des neutrons en protons et des protons en neutrons. Par ce mécanisme, elle est responsable dans la nature de la transmutation d'un grand nombre de noyaux radioactifs en noyaux stables. À cause de la grande faiblesse de cette force, ses actions sont très lentes. Alors que la force nucléaire forte accomplit ses réactions en des milliardièmes de milliardième de seconde, la force faible met des temps qui vont de millièmes de seconde jusqu'à des milliards d'années. Exemple typique : la désintégration d'un neutron en proton prend en moyenne vingt minutes. Autre exemple : l'atome de carbone 14 qui, grâce à sa longue durée de vie (5 700 ans), sert à dater les momies dans les sarcophages égyptiens.

La force faible intervient à plusieurs titres en astronomie. Elle est directement impliquée dans la durée de vie des étoiles. Si elle était plus forte, les réactions nucléaires dans les cœurs stellaires seraient plus rapides. Notre Soleil serait mort bien avant l'apparition des mammifères sur la Terre.

Le comportement des neutrinos est entièrement dominé par la force faible. En parallèle, celle-ci affecte aussi les quarks. La désintégration des neutrons passe par la transformation d'un de ses quarks d en un quark u (rappelons que le neutron est composé de deux quarks d et d'un quark u, alors que le proton est constitué de deux quarks u et d'un quark d) (C-53).

La figure 6 illustre l'influence des quatre forces sur notre Soleil.

63

Unifier les forces

Résumons nos dernières chroniques.

Le monde physique est régi, en l'état de nos connaissances, par quatre forces différentes : gravitationnelle, électromagnétique, nucléaire forte et nucléaire faible. Tout ce que nous avons observé, dans le ciel et sur la Terre, peut être assigné à l'action de l'une ou l'autre de ces forces.

Un grand rêve des physiciens aujourd'hui est de montrer que ces forces sont, en fait, des manifestations différentes d'une seule force unifiée qui les sous-tendrait toutes. Une force qui, apparue dès les premières secondes de l'univers, se serait ensuite progressivement diversifiée.

Un premier chapitre de ce programme de recherches s'est déroulé pendant le XIXᵉ siècle. À cette époque, hormis la force de gravité, on connaissait deux forces : la force électrique qui attire les petits objets quand on approche une barre d'ambre préalablement frottée avec un tissu, et la force magnétique qui oriente les boussoles. Grâce aux travaux d'Œrsted, Ampère, Maxwell et plusieurs autres physiciens, on a pu unifier ces deux forces en une seule appelée «électromagnétique», qui se manifeste différemment en diverses circonstances. On a, par la suite, montré qu'elle est responsable de tous les phénomènes lumineux et de toutes les réactions chimiques et physiologiques.

Dans les premières décennies du XXe siècle, on a mis en évidence l'existence de deux autres forces qui s'exercent au voisinage des noyaux atomiques : la force nucléaire forte (celle qui soude les protons et les neutrons dans les noyaux) et la faible (qui, entre autres manifestations, régit le comportement des neutrinos).

Un événement très important de l'histoire de la physique a lieu en 1972 quand, grâce au travail de nombreux physiciens, on montre que la force faible et la force électromagnétique sont intimement liées. Tout comme les phénomènes magnétiques et électriques sont des manifestations de la seule force électromagnétique, les manifestations de la force électromagnétique et celles de la force faible sont associées à une force commune appelée «électrofaible».

Dans le lointain passé du cosmos, quand la température dépassait un million de milliards de degrés (C-22), l'intensité de la force faible était comparable à celle de la force électromagnétique. Par la suite, elles se sont différenciées, la première faiblissant progressivement alors que la seconde se maintenait.

Au début des années 1980, de grands efforts sont faits pour unifier la force nucléaire forte et la force électrofaible. On parlait alors d'une «grande unification». Bien que des liens intéressants aient été révélés entre ces deux forces, les observations n'ont pas confirmé la formulation précise présentée à cette époque. Mais les théoriciens s'y affairent encore. Le grand problème reste l'intégration de la force de gravité dans ces schémas unificateurs. Curieusement, cette force en apparence si simple, la première à avoir été identifiée, reste la pierre d'achoppement de la physique contemporaine. Nous retrouvons le problème de l'absence d'une théorie quantique de la gravité.

64

Max Planck et les unités
de la physique

Max Planck est un scientifique allemand de la fin du XIXe siècle qui a profondément marqué la science moderne. La physique quantique s'est en effet largement construite autour de ses travaux et de ses intuitions. Aujourd'hui, hommage lui est fréquemment rendu au travers de termes comme «la constante de Planck» ou «le temps de Planck» qui jouent un rôle fondamental en cosmologie.

L'idée des «grains de lumière», appelés «photons» (C-55), est issue de ses réflexions. Cette notion de granularité des propriétés de la matière s'est généralisée ensuite à toutes les particules. Un nombre la caractérise: la constante de Planck notée h. Elle relie la fréquence d'une onde lumineuse à l'énergie du photon qu'elle transporte. Ce nombre h est au cœur même de la physique quantique. Il en est comme l'emblème.

Les unités de temps et d'espace utilisées couramment en physique et en astronomie ont toutes des origines relativement «provinciales»:

– L'année se réfère à la rotation d'une planète particulière, la Terre, autour d'une étoile particulière, le Soleil.

– Le jour se définit par la rotation de la Terre sur elle-même.

– Les divisions du jour en heures, minutes et secondes sont conventionnelles (douze, soixante, et encore soixante).

– Le mètre est, au départ, la quarante millionième partie de la longueur de l'équateur terrestre. Plus tard, il est associé à des fréquences d'atomes spécifiques.

Rien dans tout cela qui soit en rapport avec des phénomènes à l'échelle du cosmos, rien qui touche aux propriétés fondamentales de la matière.

Une belle idée de Planck fut de trouver des unités de temps et de distance, et aussi de masse et de température, qui ne soient pas associées à des phénomènes locaux, mais qui soient en relation avec des caractéristiques universelles. Trois propriétés, liées aux trois physiciens qui ont pris conscience de leur universalité, vont servir de base au choix de ces nouvelles unités :

– la gravité universelle. Découverte par Newton, elle régit la force d'attraction dans le monde céleste. Elle est représentée par la constante G, dite constante de Newton ;

– la vitesse de la lumière : c. Elle est à la base de la théorie de la relativité d'Einstein ;

– et enfin la constante de Planck : h. Nous venons d'en parler, elle est omniprésente dans la structure des atomes, des molécules et de leurs interactions avec le rayonnement.

L'unité de temps ainsi construite est appelée « le

temps de Planck ». Elle est excessivement courte. Elle correspond approximativement à dix millionièmes de milliardième de milliardième de milliardième de milliardième de seconde (10^{-43} seconde). Mais, si petite soit-elle, cette unité occupe une place centrale dans plusieurs chapitres de la physique moderne.

65

Les aunes cosmiques de temps, de longueur, de masse et de température

Résumons-nous. Le physicien Max Planck voulait définir une unité de temps qui ne soit pas rattachée à un phénomène local comme l'est, par exemple, l'année qui se rapporte exclusivement à la Terre et au Soleil. Il y est parvenu en se référant à des propriétés fondamentales du cosmos : la gravité, la physique quantique et la vitesse de la lumière. Cette unité, appelée « le temps de Planck », joue un rôle fondamental dans toute la physique et en cosmologie. Sa valeur est de 10^{-43} seconde.

Cette unité sert à définir d'autres unités fondamentales de la nature :

– la longueur de Planck : c'est la distance que parcourt la lumière pendant le temps de Planck. Cette distance est approximativement un milliard de milliards de fois plus petite que le rayon des protons. Elle est d'environ de 10^{-33} centimètre ;

– la masse de Planck : toujours à partir de ces propriétés de la matière, on peut définir une unité de masse. On obtient environ 40 microgrammes. Ce n'est pas une si petite unité à notre échelle : les petits grains de sable ont à peu près cette masse ;

– la température de Planck : elle est de cent mille milliards de milliards de milliards de degrés (10^{32} degrés), soit des milliers de milliards de degrés plus élevée que la température des étoiles les plus chaudes.

Quel sens peut-on donner à ces unités ? Posons-nous la question : « Peut-on diviser l'espace en unités toujours plus petites : millimètre, micron, nanomètre, etc. ? » En principe, rien ne nous en empêche. Mais quel sens pratique cela peut-il avoir ? Pourrait-il exister des particules aussi petites ? Des événements peuvent-ils être confinés dans des espaces aussi restreints ? Ou bien existe-t-il une limite concrète à la division de l'espace ? Et une limite à la division du temps ?

La définition du temps de Planck nous fait toucher du doigt une des difficultés fondamentales de notre physique contemporaine. Nous n'avons pas de théorie apte à décrire le comportement d'atomes soumis à une force de gravité très intense. En d'autres mots, il n'existe pas de théorie quantique de la gravité. Résultat net : nous ne savons pas si les notions mêmes de temps (et d'espace, et d'énergie) ont encore un sens au-delà de ces valeurs limites. Est-ce que ces concepts sont encore utilisables ? Peuvent-ils encore servir à décrire la réalité ?

De grands efforts sont effectués par des physiciens théoriciens pour combler cette lacune et arriver à comprendre comment la gravité (le G de Newton) et la physique quantique (le h de Planck) peuvent s'harmoniser dans le cadre d'une théorie encore plus générale de la relativité (le c d'Einstein). Beaucoup d'espoirs ont été placés du côté de la théorie dite des supercordes. Cette théorie suppose l'existence d'éléments primordiaux ayant la forme de cordes dont la longueur est précisément la longueur de Planck. Mais la confirmation par l'expérimentation de la valeur de cette théorie reste encore à venir. Elle demeure pour l'instant largement spéculative.

Le mur de Planck :
frontière actuelle
de la physique et de la cosmologie

Nous nous questionnons sur le sens physique des unités de temps et d'espace, définies par Max Planck à partir des propriétés fondamentales de la nature : force de gravité, quantas, vitesse de la lumière. Nous avons noté que les lacunes de la physique contemporaine rendent difficile une interprétation satisfaisante du sens de ces unités.

Selon la théorie du Big Bang, l'univers en expansion se refroidit continuellement (C-41), mais pouvons-nous estimer quelles températures il a atteintes dans son plus lointain passé ? Certaines observations, qui sont pour nous des vestiges du passé – le rayonnement fossile, les atomes d'hélium, les populations de photons, l'absence d'antimatière –, nous ont permis d'envisager des températures allant jusqu'à des millions de milliards de degrés (10^{15} degrés Celsius). D'autres observations suggèrent qu'il a fait encore plus chaud.

C'est ici qu'intervient comme limite la température de Planck définie à partir des propriétés du cosmos

(10^{32} degrés, soit cent mille milliards de milliards de milliards de degrés).

En quel sens s'agit-il d'une limite ? C'est que la physique moderne est inapte à décrire ce qui se passerait dans une matière portée à une telle température ; le concept même de température perd tout sens.

De là vient l'expression « le mur de Planck » : la borne imposée dans notre démarche pour explorer l'univers ancien. Répétons cependant qu'en science les situations ne sont jamais définitives. Un jour, peut-être bientôt, nous pourrons dépasser cette borne. Mais c'est devant elle que nous sommes maintenant, en attente de la franchir.

Lectures recommandées

CASSÉ, Michel, *Du vide et de la création*, Paris, Odile Jacob, 1999 ; poche Odile Jacob, 2001.

FEYNMAN, Richard, *La Nature de la physique*, Paris, Seuil, «Points Sciences», 1980.

–, *Lumière et matière. Une étrange histoire*, Paris, Seuil, «Points Sciences», 1992.

GELL-MANN, Murray, *Le Quark et le Jaguar*, Paris, Flammarion, «Champs», 1998.

KLEIN, Étienne, *Il était sept fois la révolution. Albert Einstein et les autres...*, Paris, Flammarion, 2005.

–, *Petit voyage dans le monde des quanta*, Paris, Flammarion, «Champs», 2004.

– et LACHIÈZE-REY, Marc, *La Quête de l'unité. L'aventure de la physique*, Paris, Le Livre de Poche, 2000.

LACHIÈZE-REY, Marc, *Initiation à la cosmologie*, Paris, Dunod, 2004.

–, *Les Avatars du vide*, Paris, Le Pommier, 2005.

LEHOUCQ, Roland, *L'univers a-t-il une forme ?*, Paris, Flammarion, «Champs», 2004.

LÉVY-LEBLOND, Jean-Marc, *La Vitesse de l'ombre. Aux limites de la science*, Paris, Seuil, «Science ouverte», 2006.

– *De la matière : relativiste, quantique, interactive*, Paris, Seuil, « Traces écrites », 2006.

LUMINET, Jean-Pierre, *L'Invention du Big Bang*, Paris, Seuil, « Points Sciences », 2004.

–, *L'Univers chiffonné*, Paris, Gallimard, « Folio Essais », 2005.

VAUCLAIR, Sylvie, *La Symphonie des étoiles : l'humanité face au cosmos*, Paris, Albin Michel, 2000.

–, *La Chanson du Soleil : l'intimité de notre étoile*, Paris, Albin Michel, 2002.

–, *La Naissance des éléments*, Paris, Odile Jacob, 2006.

–, et AUDOUZE, Jean, *L'Astrophysique nucléaire*, Paris, PUF, « Que sais-je ? », 2003.

Du même auteur

Évolution stellaire et nucléosynthèse
Gordon and Breach/Dunod, 1968

Soleil : histoire à deux voix
(en collaboration avec Jacques Very,
Éliane Dauphin-Lemierre et les enfants d'un CES)
La Noria, 1977 ; La Nacelle, 1990
Seuil Jeunesse, 2006

Patience dans l'azur
Seuil, « Science ouverte », 1981
et « Points Sciences », n° 55, 1988 (nouvelle édition)

Poussières d'étoiles
Seuil, « Science ouverte », 1984 (album illustré)
et « Points Sciences », n° 100,
1994 et 2009 (nouvelle édition)

L'Heure de s'enivrer
Seuil, « Science ouverte », 1986
et « Points Sciences », n° 84

Malicorne
Seuil, « Science ouverte », 1990
et « Points Sciences », n° 179

Poussières d'étoiles. Hubert Reeves à Malicorne
cassette vidéo 52 mn
Vision Seuil (VHS SECAM), 1990

Comme un cri du cœur
ouvrage collectif
L'Essentiel, Montréal, 1992

Compagnons de voyage
(en collaboration avec Jelica Obrénovitch)
Seuil, « Science ouverte », 1992 (album illustré)
et « Points », n° 542 (nouvelle édition)

Dernières nouvelles du cosmos
Seuil, « Science ouverte », 1994
et « Points Sciences », n° 130, 2002 (nouvelle édition)

L'espace prend la forme de mon regard
Photographies Jacques Very
Myriam Solal, 1995 ; L'Essentiel, Montréal, 1995
Seuil, 1999 et « Points Sciences », n° 173

La Plus Belle Histoire du monde
(en collaboration avec Yves Coppens,
Joël de Rosnay et Dominique Simonnet)
Seuil, 1996 et « Points », n° P897

Intimes convictions
entretiens
Paroles d'Aube, 1997
La Renaissance du livre, 2001

Oiseaux, merveilleux oiseaux
Seuil, « Science ouverte », 1998
et « Points Sciences », n° 154

Noms de dieux
entretiens avec Edmond Blattchen
Stanké, Montréal, et Alice éditions, Liège, 2000

L'Univers
CD à voix haute
Gallimard, 2000

Sommes-nous seuls dans l'univers ?
(en collaboration avec Nicolas Prantzos,
Alfred Vidal-Madjar et Jean Heidmann)
Fayard, 2000 et « Le Livre de poche », 2002

Hubert Reeves par lui-même
Stanké, Montréal, 2001

La Nuit
CD, éditions De Vive Voix, Paris, 2001

Hubert Reeves, conteur d'étoiles
*(documentaire écrit et réalisé par
Iolande Cadrin-Rossignol)*
Office national du film canadien, 2002
DVD éditions Montparnasse, 2003

Mal de Terre
(en collaboration avec Frédéric Lenoir)
*Seuil, « Science ouverte », 2003
et « Points Sciences », n° 164*

Chroniques du ciel et de la vie
*Seuil / France Culture, 2005
et « Points Sciences », n° 191*

Réponses à des questions fréquemment posées
Vol. 1 et 2
CD Spirit Music, Metz, 2006

Chroniques des atomes et des galaxies
Seuil / France Culture, 2007

Patience dans l'obscur
*Photographies Jacques Very
Éditions Multimondes, Montréal, 2007*

Je n'aurai pas le temps
Mémoires
Seuil, « Science ouverte », 2008

Arbres aimés
*Photographies Jacques Very
Seuil, 2009 (album illustré)*

Du Big Bang au vivant
*(en collaboration avec Jean-Pierre Luminet
réalisé par Iolande Rossignol et Denis Blacquière)*
DVD éditions ECP Montréal, 2010

Images du Cosmos
(en collaboration avec Benoît Reeves)
DVD et Blu-ray, La Ferme des étoiles, 2010

L'Univers expliqué à mes petits-enfants
Seuil, 2011

RÉALISATION : PAO ÉDITIONS DU SEUIL
IMPRESSION : NORMANDIE ROTO IMPRESSION S.A.S À LONRAI
DÉPÔT LÉGAL : MARS 2011. N° 104518 (110430)
IMPRIMÉ EN FRANCE

Éditions Points

Le catalogue complet de nos collections est sur
Le Cercle Points, ainsi que des interviews d'auteurs,
des jeux-concours, des conseils de lecture, des
extraits en avant-première…

www.lecerclepoints.com

Collection Points Sciences

dirigée par Jean-Marc Lévy-Leblond et Christophe Bonneuil

Collection Points Essais